Friedhelm Maßong: **EnEV 2009 kompakt**

EnEV 2009 kompakt

Über 100 Fragen und Antworten zur Energieeinsparverordnung

2., aktualisierte und erweiterte Auflage

mit erläuternden Tabellen und Abbildungen

Friedhelm Maßong

Dipl.-Bauingenieur (FH),
Energieberater und Fachingenieur für Energieeffizienz,
Dachdeckermeister, Sachverständiger für Dachkonstruktionen,
freier Dozent und Trainer

Rudolf Müller

Bibliografische Information der Deutschen Nationalbibliothek

Die Deutsche Nationalbibliothek verzeichnet diese Publikation in der Deutschen Nationalbibliografie; detaillierte bibliografische Daten sind im Internet über http://dnb.ddb.de abrufbar.

2. Auflage 2009

Maßgebend für das Anwenden von Normen ist deren Fassung mit dem neuesten Ausgabedatum, die bei der Beuth Verlag GmbH, Burggrafenstraße 6, 10787 Berlin, erhältlich ist. Maßgebend für das Anwenden von Regelwerken, Richtlinien, Merkblättern, Hinweisen, Verordnungen usw. ist deren Fassung mit dem neusten Ausgabedatum, die bei der jeweiligen herausgebenden Institution erhältlich ist. Zitate aus Normen, Merkblättern usw. wurden, unabhängig von ihrem Ausgabedatum, in neuer deutscher Rechtschreibung abgedruckt.

Das vorliegende Werk wurde mit größter Sorgfalt erstellt. Verlag und Autor können dennoch für die inhaltliche und technische Fehlerfreiheit, Aktualität und Vollständigkeit des Werkes keine Haftung übernehmen.

Wir freuen uns, Ihre Meinung über dieses Fachbuch zu erfahren. Bitte teilen Sie uns Ihre Anregungen, Hinweise oder Fragen per E-Mail:
fachmedien.architektur@rudolf-mueller.de oder Telefax: (0221) 54976141mit.

Lektorat: Dr. Doris Kliem, Urbach
Umschlaggestaltung: Designbüro Lörzer, Köln
Satz: Kerstin Maßong, Überlingen
Druck und Bindearbeiten: AZ Druck und Datentechnik GmbH, Kempten

Printed in Germany

ISBN: 978-3-481-02555-7
978-3-481-02597-7

Vorwort zur 2. Auflage

Die EnEV wurde seit ihrem ersten Inkrafttreten am 01.02.2002 bis heute 3-mal novelliert. Sie blieb dabei einem Grundsatz stets treu: dem Wirtschaftlichkeitsgebot, niedergelegt im §5 des Energieeinsparungsgesetzes. Demzufolge darf die EnEV nur das verlangen, was sich im Laufe der Nutzungsdauer einer Bau- oder Sanierungsmaßnahme ohnehin rechnet, nämlich in Form eingesparter Heizkosten.

Der Hinweis darauf kann in der Diskussion mit dem Bauherrn um Sinn oder Unsinn der EnEV-Anforderungen äußerst hilfreich sein.

Energieeffizienz soll letztlich allen zugute kommen – dem Klima, aber auch Gebäudeeigentümern und Gebäudenutzern.

Jede Novellierung der EnEV wirft indes neue Fragen auf. So machte die aktuelle EnEV 2009 eine grundlegende Überarbeitung dieses Buches erforderlich.

Dieses Buch

Das Kapitel 1 dieses Buches hilft Ihnen, die Übersicht zu behalten: Neben einer kurzen Darstellung der EnEV finden Sie dort die konkreten Anforderungen der EnEV in Form übersichtlicher Diagramme und Tabellen.

In der Planungs- und Baupraxis und im Kundengespräch ergeben sich indes immer wieder typische Fragen, deren Beantwortung man vom Baufachmann erwartet. Eine Auswahl von insgesamt 123 solcher Fragen wird im Kapitel 2 behandelt.

Sie finden dort auch Fragen, deren Antworten nicht konform gehen mit der offiziellen Auslegung durch die Fachkommission „Bautechnik“ der Bauministerkonferenz. Der Widerspruch des Autors ist stets begründbar. Der Leser bleibt jedoch selbst dafür verantwortlich, welcher Auffassung er sich anschließt.

Der Bauherr wird die EnEV ungerne einhalten, nur weil er rechtlich dazu verpflichtet ist. Er möchte wissen, welche konkreten Einsparpotenziale mit der Einhaltung der EnEV verbunden sind. Für die Beantwortung dieser Frage stellt Ihnen Kapitel 3 einfache Beratungshilfen zur Verfügung.

Die Arbeit mit diesem Buch

Für die zielgerichtete Suche nach bestimmten Informationen enthält der Anhang spezielle Suchhilfen, insbesondere eine Zusammenstellung der Fragen des Kapitels 2, daneben Übersichten der Diagramme, Tabellen und Abbildungen.

Ergänzende Texte finden Sie im Internet auf den Serviceseiten zu diesem Buch unter

www.ddh.de/fachmedien

Dort haben Sie auch die Möglichkeit, uns Ihre Meinung zu diesem Buch mitzuteilen. Verlag und Autor freuen sich auf Ihre Rückmeldung!

Überlingen, im September 2009 Friedhelm Maßong

Dank und Widmung

Mein Dank gilt allen, die zur Entstehung dieses Werkes – sichtbar oder unsichtbar – beigetragen haben. Stellvertretend seien genannt

- die Handwerksmeister und Energieberater der Bildungsakademien Konstanz, Ulm und Friedrichshafen, außerdem der Gewerbe Akademie Freiburg für die Fragensammlung aus der Praxis,
- das Team der Verlagsgesellschaft Rudolf Müller, insbesondere Frau Buß, Frau Hagen-Merten und Frau Schikorra,
- Frau Vilz und Herr Schettler-Köhler, Bundesamt für Bauwesen und Raumordnung,
- Herr Borsch-Laaks, Büro für Bauphysik,
- Frau Dr. Kliem, Lektorin,
- meine Frau.

Dieses Buch widme ich meiner Tochter Judith.

Überlingen, im September 2009 Friedhelm Maßong

Inhalt

Inserenten

1 Energieeinsparverordnung 2009

1.1 Neuerungen und Grundsätzliches

Die Energieeinsparverordnung 2009 (kurz EnEV 2009) trat am 01.10.2007 in Kraft und löste die bis dahin gültige EnEV 2007 (Novelle zur EnEV 2002 und 2004) ab. Die EnEV 2002 hatte bereits die Wärmeschutzverordnung und die Heizungsanlagenverordnung ersetzt.

Neuerungen

Die EnEV 2007 beruhte hinsichtlich ihres Anforderungsniveaus auf Wirtschaftlichkeitsgutachten aus den 1990er Jahren. Für die EnEV 2009 wurden neue Berechnungen auf Basis der gestiegenen Energiepreise angestellt. Auf Basis der Ergebnisse wurde das Anforderungsniveau gegenüber der EnEV 2007 um durchschnittlich 30 % verschärft. Weitere wichtige Neuerungen sind:

- Der Wirtschaftlichkeitsgrundsatz, nach welchem die EnEV nur verlangen darf, was sich wirtschaftlich in Form zu erwartender Heizkosteneinsparungen rechnet, wurde gestärkt (obschon dieser bereits seit der ersten EnEV grundsätzlich gilt). An zahlreichen Stellen der Verordnung wurde ein entsprechender Vorbehalt aufgenommen.
- Die EnEV ist im Neubaubereich an das EEWärmeG (Erneuerbare-Energien-Wärmegesetz) des Bundes gekoppelt.
- Die energetische Bilanzierung von Gebäuden auf Basis eines technisch klar definierten Referenzgebäudes (Referenzgebäudeverfahren), welche bisher nur für Nichtwohngebäude

anzuwenden war, ist nun auch verpflichtend bei Wohngebäuden.

- Die Bilanzierung von Wohngebäuden ist nun, wie vorher schon bei Nichtwohngebäuden, nach DIN V 18599 durchzuführen. Alternativ ist die bisher übliche Bilanzierung nach DIN 4108-6 in Verbindung mit DIN V 4701-10 zulässig. Das vereinfachte Heizperiodenbilanzverfahren nach EnEV für Wohngebäude wurde ersatzlos gestrichen.
- Die Tatbestände für Ordnungswidrigkeiten wurden ergänzt. Jetzt können auch Verstöße im Bereich der Gebäudehülle (z.B. Missachtung der EnEV bei Bauteilsanierung) mit Bußgeldern bis 50.000 € geahndet werden.
- Die Pflicht zur Ausstellung von Unternehmererklärungen (z.B. bei Heizkesseltausch oder Bauteilsanierung), bisher auf Länderebene geregelt, ist nun im § 26a der EnEV bundesweit geregelt.
- Die Bezirksschornsteinfegermeister prüfen im Rahmen der ohnehin stattfindenden Feuerstättenschau, ob die Heizungsanlage den Anforderungen der EnEV entspricht, und ob etwaige Nachrüstpflichten (z.B. Dämmung ungedämmter Heizverteilleitungen im unbeheizten Keller) erfüllt wurden.
- Die bisherige Regelung, wonach bei Gebäuden mit nicht bewertbarer Anlagentechnik verschärfte Anforderungen an die thermische Hülle gestellt werden (76 % von zul H_T'), entfällt. Stattdessen darf im Nachweis des Primärenergiebedarfs nunmehr eine energetisch vergleichbare Anlagentechnik der Bewertung zugrunde gelegt werden.
- Strom aus erneuerbaren Energien darf in der Bilanzierung vom Endenergiebedarf abgezogen (also gutgeschrieben)

werden, wenn der Strom auf/an/bei dem Gebäude erzeugt wird.

- Nachtspeicherheizungen in größeren Gebäuden mit schlechtem Wärmeschutz müssen ab 01.01.2020 unter gewissen Voraussetzungen außer Betrieb genommen werden.

Im Gegensatz zur EnEV 2007 stellt die EnEV 2009 einen wesentlichen Sprung in der Fortschreibung der Energieeinsparverordnung dar.

Stichtagsregelung

Die EnEV 2009 ist anzuwenden

- auf genehmigungspflichtige Vorhaben (z.B. Neubauten), für die nach dem 30.09.2009 der Bauantrag gestellt bzw. die Bauanzeige erstattet worden ist,
- auf kenntnisgabepflichtige Vorhaben, für die nach dem 30.09.2009 die Kenntnisgabe erfolgt ist,
- auf sonstige genehmigungsfreie Vorhaben (z.B. Bauteilsanierungen wie etwa Dachumdeckungen), die nach dem 30.09.2009 begonnen wurden.

Aufgrund von Vorgängerverordnungen der EnEV 2009 noch bestehende, bisher nicht eingelöste Nachrüstpflichten bleiben erhalten. Wer also beispielsweise nach EnEV 2007 seine oberste Geschossdecke hätte dämmen müssen, bleibt auch nach dem Außerkrafttreten der EnEV 2007 in der Pflicht.

Normenverweise

Die EnEV verweist auf zahlreiche Normen (Regeln der Technik). Diese Verweise sind dabei stets statisch, d.h. auf ein bestimmtes Ausgabedatum der Norm gerichtet. Das gilt auch in der weiteren Folge: Wenn eine statisch in Bezug genommene Norm einen undatierten, also dynamischen Verweis auf eine andere Norm enthält, ist im Sinne der EnEV stets die Fassung der anderen Norm maßgebend, die zum Zeitpunkt des Inkrafttretens der EnEV gültig war. Neue Normen sind für den öffentlich-rechtlichen Nachweis (den sog. EnEV-Nachweis) also nicht automatisch direkt nach Erscheinen der Normen maßgeblich, sondern wiederum erst nach Anpassung der EnEV.

Anforderungsgrundsatz

Der Neubaubereich wird so gesteuert, dass neue Gebäude insgesamt energetisch bilanziert werden und dabei bestimmte Anforderungen hinsichtlich Primärenergiebedarf erfüllen. Daneben darf als Nebenanforderung die thermische Hülle (baulicher Wärmeschutz) einen definierten Mindeststandard nicht unterschreiten.

Beim Altbaubereich gilt vorwiegend der Grundsatz der bedingten Anforderungen: Wenn eine Sanierung oder Änderung an irgendeinem wärmeübertragenden Bauteil ausgeführt wird, soll die sich in diesem Zusammenhang ergebende Chance zur Verbesserung des Wärmeschutzes genutzt werden. Dies ist besonders wirtschaftlich, weil sich nur der auf die „energetische Ertüchtigung" entfallende Anteil der Investitionen amortisieren muss. Die reinen Sanierungskosten ohne Verbesserung des

Wärmeschutzes, auch Sowiesokosten genannt, fallen ohnehin an und entziehen sich deshalb der Wirtschaftlichkeitsprüfung.

1.2 Recht und Zuständigkeiten

Rechtsgrundlage

Rechtliche Grundlage für die EnEV ist das Energieeinsparungsgesetz (kurz EnEG) in der Fassung von 2009, das in den ersten beiden Paragrafen den Bauherrn und seine Auftragnehmer zum sparsamen Umgang mit Energie verpflichtet:

- Auszug aus § 1 EnEG: „Wer ein Gebäude errichtet, das seiner Zweckbestimmung nach beheizt oder gekühlt werden muss, hat, um Energie zu sparen, den Wärmeschutz nach Maßgabe der … [Energieeinsparverordnung] … so zu entwerfen und auszuführen, dass beim Heizen und Kühlen vermeidbare Energieverluste unterbleiben."
- Auszug aus § 2 EnEG: „Wer Heizungs-, raumlufttechnische, Kühl-, Beleuchtungs- sowie Warmwasserversorgungsanlagen oder -einrichtungen in Gebäude einbaut oder einbauen lässt, oder in Gebäuden aufstellt oder aufstellen lässt, hat bei Entwurf, Auswahl und Ausführung dieser Anlagen und Einrichtungen nach Maßgabe der … [Energieeinsparverordnung] … dafür Sorge zu tragen, dass nicht mehr Energie verbraucht wird, als zur bestimmungsgemäßen Nutzung erforderlich ist."

Die Richtlinie 2002/91/EG des Europäischen Parlaments und des Rates vom 16.12.2002 über die Gesamtenergieeffizienz von Gebäuden (ABl. EG Nr. L 1, S. 65) ist von den Mitgliedsstaaten der EU in nationales Recht umzusetzen. Bereits die EnEV 2007 war wesentlicher Teil dieser Umsetzung. Motivation der EU-Richtlinie ist wiederum der sparsame Umgang mit Ressourcen und der Klimaschutz, konkret die Erfüllung der Verpflichtungen aus dem Kyoto-Protokoll.

Sowohl das Energieeinsparungsgesetz als auch die EU-Richtlinie 2002/91/EG sind auf der Internetseite zum Buch zu finden (siehe Seite 6).

Durchführungsbestimmungen der Länder

Die baurechtliche Umsetzung der EnEV wird in den Bundesländern unterschiedlich gehandhabt. Die Unterschiede betreffen u.a. folgende Fragen:

- Wer darf/muss den Energieausweis für Neubauten ausstellen? (Die Ausstellungsberechtigung für bestehende Gebäude ist in der EnEV geregelt.)
- Wie wird die Übereinstimmung des Gebäudes mit den Angaben im Energieausweis überwacht?
- Wie wird die korrekte Ausstellung von Unternehmererklärungen überwacht?

Da die Bestimmungen der Bundesländer bei Drucklegung des Buches noch nicht verfügbar waren, sei der geneigte Leser an dieser Stelle an die zuständige Baurechtsbehörde (z.B. Baurechtsamt) verwiesen.

Der zum Zeitpunkt der Drucklegung dieses Buches gültige Stand ist auf der Internetseite zum Buch zu finden (siehe Seite 6).

Verantwortungsbereiche bei Neubauten

Bei üblichen Neubauten besorgt der Planer die Umsetzung der EnEV. Dies wird meist der planende Architekt oder Ingenieur sein. Es kann aber auch ein bauvorlageberechtigter Handwerker sein, der die Gesamtplanung des Gebäudes übernommen hat.

Ausführende Handwerker können und müssen die Berechnungen und Vorgaben des Planers i.d.R. nicht daraufhin prüfen, ob damit die Anforderungen der EnEV eingehalten werden.

Wenn kleine Gebäude mit einer Nutzfläche (nach DIN 277; *siehe Seite 75*) bis 50 m² hergestellt werden, sieht die EnEV eine Vereinfachung vor: Statt einer Rundum-Betrachtung des Gebäudes verlangt sie lediglich die Einhaltung der tabellarisch vorgegebenen, zulässigen U-Werte wie im Altbau. Wenn diese Vereinfachung in Anspruch genommen wird (was nicht verpflichtend ist), kann der ausführende Handwerker wiederum die Planungsvorgaben überprüfen, da er für das von ihm erstellte Bauteil den geforderten U-Wert aus der entsprechenden Tabelle (*siehe Seite 30*) ablesen kann. Im Allgemeinen weiß der ausführende Handwerker allerdings nicht, welches Nachweisverfahren für den Neubau gewählt wurde. Falls er es doch weiß oder falls er es, den Umständen des Einzelfalls nach, wissen müsste, sollte er im Falle eines augenscheinlichen Verstoßes gegen die EnEV seine Bedenken geltend machen.

Unabhängig vom gewählten Nachweisverfahren hat der ausführende Handwerker immer die Planungsvorgaben hinsichtlich der bauphysikalischen Funktionsfähigkeit zu überprüfen. Das bedeutet insbesondere auch, dass er die Einhaltung des Mindestwärmeschutzes nach DIN 4108 überprüfen muss.

Verantwortungsbereiche bei Altbauten

Wer im Altbau für die Umsetzung der EnEV sorgt, hängt von der Art der Baumaßnahme ab. Grundsätzlich gilt: Wo kein Planer ist, besorgt der Fachunternehmer (z.B. der Handwerker) die Umsetzung der EnEV. Davon unbeeinflusst bleibt ordnungsrechtlich der Bauherr für die Einhaltung der EnEV verantwortlich (§ 26 EnEV).

Unternehmererklärung, Bezirksschornsteinfegermeister

Die EnEV 2009 hat mit der Unternehmererklärung (§ 26a EnEV) auf Bundesebene ein Instrument zur Stärkung des Vollzugs der EnEV in der Praxis geschaffen. Die Erklärung ist von dem ausführenden Unternehmer auszustellen, sobald er bei bestehenden Gebäuden Bauteile der thermischen Hülle in einer Weise bearbeitet, welche EnEV-Anforderungen auslöst.

Gleiches gilt für Unternehmer, die einschlägige Arbeiten an der Anlagentechnik bestehender Gebäude ausführen, also etwa Heizkessel austauschen oder Lüftungsanlagen einbauen. Die Unternehmererklärung ist vom Eigentümer mindestens 5 Jahre aufzubewahren. Die Baurechtsbehörden können jederzeit die Vorlage der Erklärung verlangen.

Im Bereich der Anlagentechnik übernimmt der Bezirksschornsteinfegermeister im Rahmen der Feuerstättenschau eine überwachende Funktion: Er prüft, ob Nachrüstpflichten eingehalten werden (Austausch sehr alter Heizkessel, Dämmung von ungedämmten Wärmeverteilleitungen) und ob bei Einbau neuer Heizungen die EnEV-Anforderungen eingehalten werden.

Die Unternehmererklärung spielt eine Schlüsselrolle bei Arbeiten an Bestandsgebäuden. Unterlassene oder falsche Ausstellung kann als Ordnungswidrigkeit mit Bußgeld bis 5.000 € geahndet werden. Außerdem sind die Vollzugsregeln der Bundesländer zu beachten, welche die Handhabung der Unternehmererklärung weiter ausgestalten können.

1.3 Energetisches Gebäudemodell nach EnEV

1.3.1 Wohngebäude

Nach EnEV wird für die Beheizung und Warmwasserbereitung des Wohngebäudes (Heizfall) eine Energiebilanz aufgestellt, die bis zur Primärenergiequelle reicht (*siehe Abb. 1.1 auf Seite 20*).

Heizwärmebedarf

Zunächst wird der Wärmebedarf untersucht.

Auf der Verlustseite sind das

- Transmissionswärmeverluste (Wärmeleitung durch geschlossene Bauteile hindurch) und
- Lüftungswärmeverluste (Wärmeverluste durch Luftaustausch).

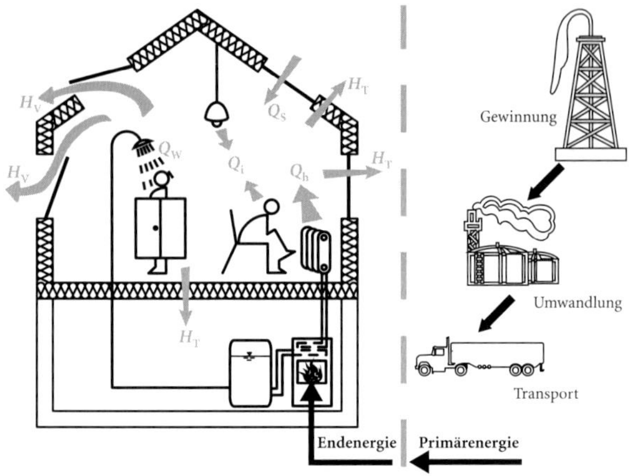

Abb. 1.1: Energetisches Gebäudemodell nach EnEV
H_T = Transmissionswärmeverluste (Wärmeleitung durch geschlossene Bauteile hindurch)
H_V = Lüftungswärmeverluste (Wärmeverluste durch Luftaustausch, bewusste Lüftung und Luftströmung durch Undichtigkeiten)
Q_i = interne Wärmegewinne (Wärmeabgabe von Personen und von elektrischen Geräten)
Q_S = solare Wärmegewinne (Sonneneinstrahlung durch transparente Bauteile)
Q_h = Heizwärme (von den Heizkörpern zur Verfügung gestellt)
Q_W = Brauchwasserwärmebedarf

Auf der Gewinnseite sind das

- solare Wärmegewinne (vornehmlich durch verglaste Flächen hindurch) und
- interne Wärmegewinne (Wärmeabgabe von Personen und von elektrischen Geräten).

Das Heizsystem muss zur Aufrechterhaltung der gewünschten Temperaturen also nicht alle Verluste ausgleichen, sondern nur die nach Gegenrechnung der Gewinne verbleibenden. Es gilt vereinfacht:

Heizwärmebedarf = Wärmeverluste – Wärmegewinne

Die Brauchwassererwärmung ist in die Bilanz mit einzubeziehen:

Nutzenergiebedarf = Heizwärmebedarf + Brauchwasserwärmebedarf

Das Heizsystem wird nicht die gesamte, im Brennstoff enthaltene Energie als Wärme nutzbar machen können, sondern nur den nach Abzug der anlagenspezifischen Verluste (z.B. vom Heizkessel nicht genutzte Energie, Wärmeverluste von Speicher und Verteilleitungen) verbleibenden Teil. Die Heizanlage braucht zum Betrieb i.d.R. außerdem Hilfsenergie (z.B. Strom für Umwälzpumpe und Steuerung). Es gilt vereinfacht:

Endenergiebedarf = Nutzenergiebedarf + Anlagenverluste + Hilfsenergie

Endenergiebedarf

Der Endenergiebedarf ist die Energiemenge, die am Gebäude angeliefert werden muss, z.B. in Form von Brennstoff (Erdgas, Heizöl, Holz), in Form von Wärme (bei Fernwärmeversorgung) oder in Form von elektrischem Strom (bei Elektroheizungen). Man kann den Endenergiebedarf auch als einen Verbrauchswert des Gebäudes ansehen, ähnlich dem Benzinverbrauch eines Autos.

Der berechnete Endenergiebedarf kann nur mit großen Einschränkungen mit dem tatsächlichen Verbrauch verglichen werden, weil bei der Ermittlung des rechnerischen Bedarfs viele Bedingungen standardisiert werden und weil die Besonderheiten des Einzelfalls (z.B. das Nutzerverhalten) unberücksichtigt bleiben.

Primärenergiebedarf

Auf dem Weg zum Gebäude entstehen Verluste (bei Fernwärme oder Strom), bzw. die Gewinnung und der Transport des Energieträgers (Erdgas, Heizöl, Holz) von der Gewinnungsstätte zum Gebäude verbrauchen Energie. Es gilt vereinfacht:

Primärenergiebedarf = Endenergiebedarf + vorgelagerte Verluste

Der Primärenergiebedarf des Gebäudes berücksichtigt neben den gebäudeinternen Vorgängen auch alle außerhalb des Gebäudes erforderlichen Abläufe und ist damit ein Maß für die Ressourcenbelastung durch das Gebäude.

Wenn das Gebäude im Sommer gekühlt wird, etwa durch Einsatz eines Raumklimagerätes, dann wird der dafür erforderliche Energiebedarf in der Gesamtbetrachtung berücksichtigt.

1.3.2 Nichtwohngebäude

Für Nichtwohngebäude gilt der gleiche Bilanzansatz wie für Wohngebäude, allerdings wird zusätzlich der Energiebedarf für die fest eingebaute Beleuchtung berücksichtigt.

1.4 Anforderungen

Nachfolgende Diagramme und Tabellen liefern eine Übersicht über die Anforderungen der EnEV:

- Neubau (*Diagramm 1.1 auf Seite 24*),
- Altbau allgemein (*Diagramm 1.2 auf Seite 25*),
- Außenwand (Altbau; *Diagramm 1.3 auf Seite 26*),
- Fenster und Glasdach (Altbau; *Diagramm 1.4 auf Seite 27*),
- Dach (Altbau; *Diagramm 1.5 auf Seite 28*),
- Wand/Decke gegen unbeheizten Raum/Erdreich oder nach unten gegen Außenluft (Altbau; *Diagramm 1.6 auf Seite 29*),
- Bauteilanforderungen nach EnEV (Altbau; *Tabelle 1.1 auf Seite 30*),
- Mindestwärmeschutz nach DIN 4108-2 (*Tabelle 1.2 auf Seite 31*),
- Dämmung von Wärmeverteil- und Warmwasserleitungen (*Tabellen 1.3, 1.4 und 1.5 ab Seite 32*).

Diagramm 1.1: EnEV-Nachweisschema für Neubauten

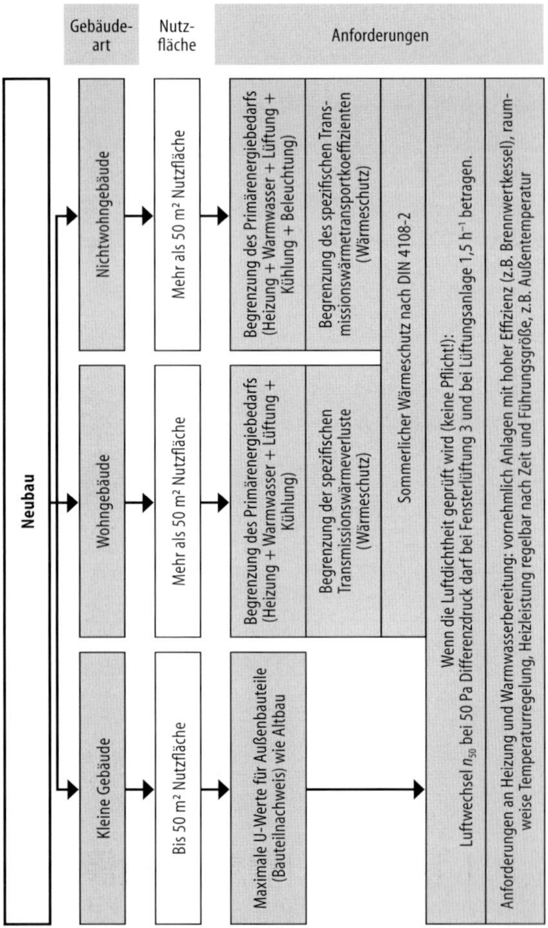

Diagramm 1.2: EnEV-Nachweisschema für Altbauten

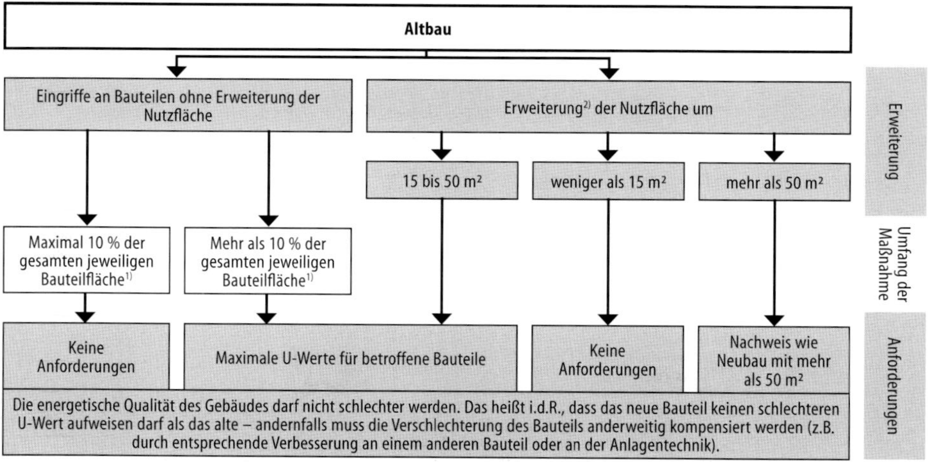

1) Entgegen der EnEV 2007 bezieht sich der Grenzwert nicht auf die Bauteilfläche gleicher Orientierung (Himmelsrichtung der Ansicht), sondern auf die gesamte Bauteilfläche einer Art, also z.B. das gesamte Steildach.

2) Beispiel: Ausbau eines bisher nicht bewohnten Dachgeschosses im Zuge einer Dachsanierung. Es gelten (bei mehr als 50 m² neuer Nutzfläche) nicht die Bauteilanforderungen – stattdessen ist der neue Gebäudeteil wie ein Neubau nachzuweisen.

Diagramm 1.3: EnEV-Nachweisschema für Außenwand (Altbau)

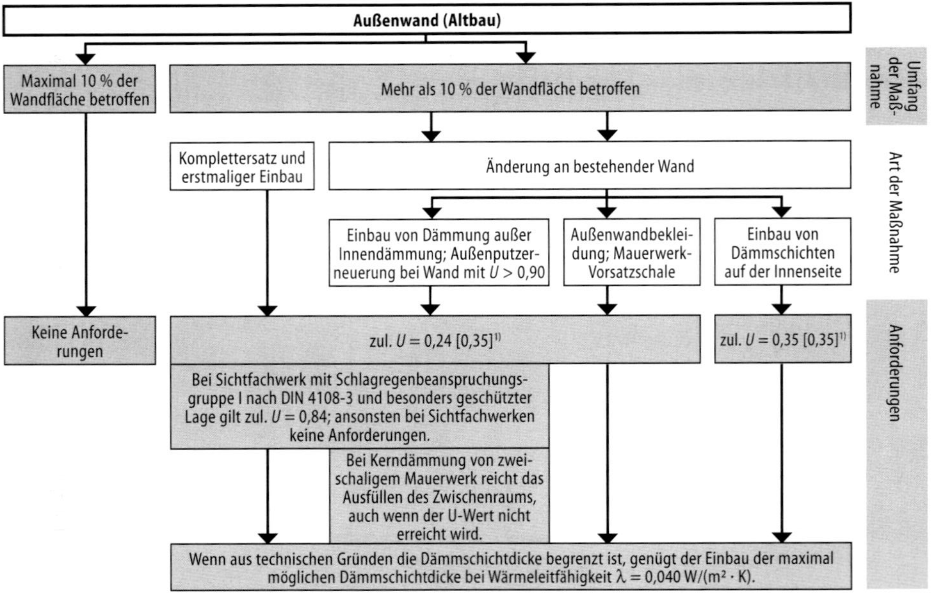

[1] Wert in eckigen Klammern gilt für Nichtwohngebäude mit Innentemperaturen ≥ 12 °C und < 19 °C.

Diagramm 1.4: EnEV-Nachweisschema für Fenster, Dachfenster, Fenstertür und Glasdach (Altbau)

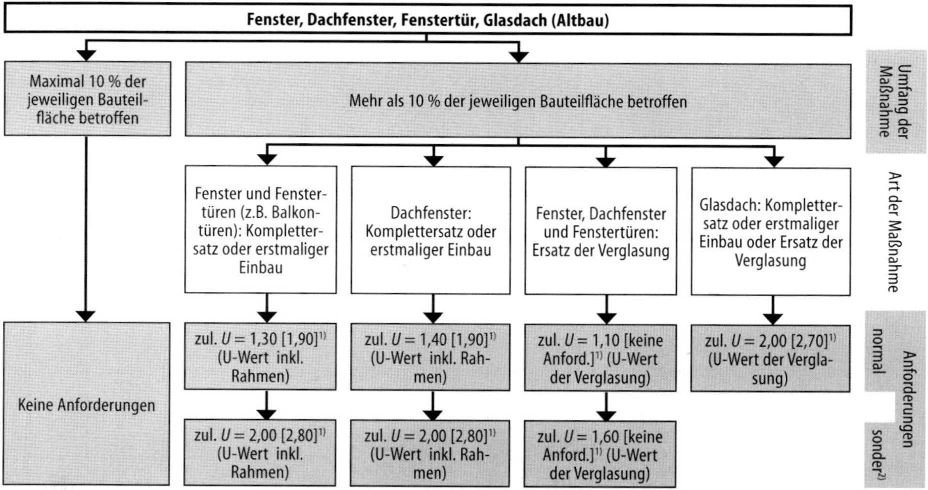

[1] Wert in eckigen Klammern gilt für Nichtwohngebäude mit Innentemperaturen ≥ 12 °C und < 19 °C.

[2] Sonderverglasung (z.B. 40 dB Schallschutz oder Durchschuss- oder Einbruchhemmung)

Diagramm 1.5: EnEV-Nachweisschema für Dach, Decke zum Dachraum und Abseitenwand (Altbau)

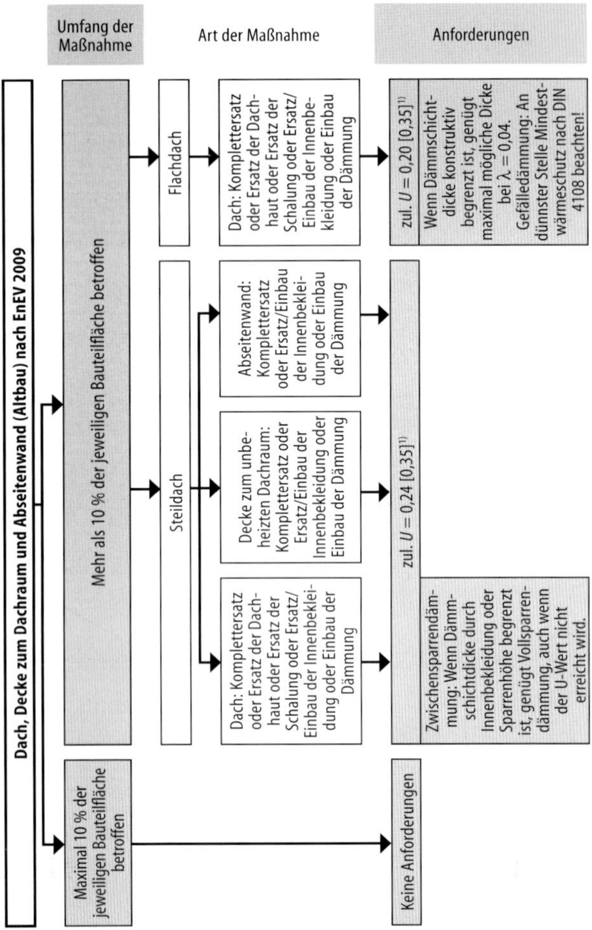

1) Wert in eckigen Klammern gilt für Nichtwohngebäude mit Innentemperaturen ≥ 12 °C und < 19 °C.

Diagramm 1.6: EnEV-Nachweisschema für Wand/Decke gegen unbeheizt/Erdreich/nach unten (Altbau)

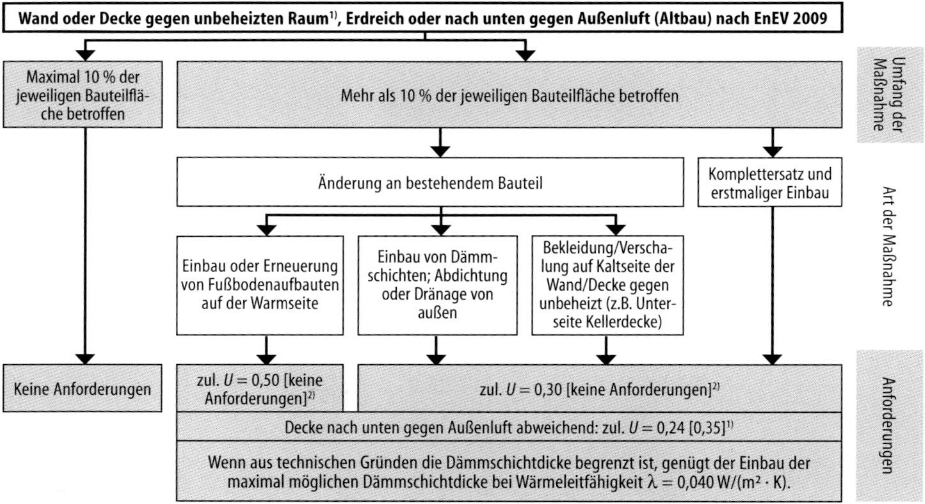

[1] Wände und Decken gegen den unbeheizten Dachraum von Steildächern (Spitzbodendecken, Abseitenwände) werden Dächern zugeordnet.

[2] Wert in eckigen Klammern gilt für Nichtwohngebäude mit Innentemperaturen ≥ 12 °C und < 19 °C.

Tabelle 1.1: Bauteilanforderungen (Altbau) nach EnEV: zulässiger U-Wert in W/(m² · K)

Nr.	Bauteil			Maßnahme	Wohngeb. und Nichtwohngeb. ≥ 19 °C	Nichtwohngeb. ≥ 12 u. < 19 °C
1.1	Außenwand			Komplettersatz oder erstmaliger Einbau	0,24	0,35
1.2				Mauerwerk-Vorsatzschale		
1.3				Einbau von Dämmschichten außer Innendämmung		
1.4				Außenputzerneuerung bei Wänden mit U-Wert > 0,90		
1.5				Außenwandbekleidung (z.B. Schiefer, Faserzement, Ziegel, Holz)		
1.6				Einbau von Dämmschichten auf der Innenseite (Innendämmung)		
1.7				Sichtfachwerk mit geringer Schlagregenbeanspruchung	0,84	
1.8				Sichtfachwerk abweichend von 1.7	Keine Anforderung	
2.1	Glas	normal	Fenster und Fenstertüren	Komplettersatz oder erstmaliger Einbau (U-Wert des Fensters)	1,30	1,90
2.2				Nur Ersatz der Verglasung (U-Wert der Verglasung)	1,10	Keine Anford.
2.3			Dachfenster	Komplettersatz oder erstmaliger Einbau (U-Wert des Fensters)	1,40	1,90
2.4				Nur Ersatz der Verglasung (U-Wert der Verglasung)	1,10	Keine Anford.
2.5			Glasdach	Komplettersatz oder erstmaliger Einbau (U-Wert der Verglasung)	2,00	2,70
2.6				Nur Ersatz der Verglasung (U-Wert der Verglasung)		
2.7		sonder[1]	Fenster, Fenstertüren, Dachfenster	Komplettersatz oder erstmaliger Einbau (U-Wert des Fensters)	2,00	2,80
2.8				Nur Ersatz der Verglasung (U-Wert der Verglasung)	1,60	Keine Anford.
3.1	Dach	Steildach	Steildach	Komplettersatz oder Ersatz der Dachhaut oder Ersatz der Schalung oder Ersatz/Einbau der Innenbekleidung oder Einbau der Dämmung	0,24	0,35
3.2			Decke/Wand zum unbeheizten Dachraum	Komplettersatz oder Ersatz/Einbau der Innenbekleidung oder Einbau der Dämmung		
3.3		Flachdach		Komplettersatz oder Ersatz der Dachhaut oder Ersatz der Schalung oder Ersatz/Einbau der Innenbekleidung oder Einbau der Dämmung	0,20	
4.1	Wand und Decke gegen unbeheizte Räume[2] oder Erdreich			Komplettersatz oder erstmaliger Einbau	0,30	Keine Anford.
4.2				Einbau von Dämmschichten; Bekleidung/Verschalung auf Kaltseite der Wand/Decke gegen unbeheizt; Abdichtung oder Dränage von außen		
4.3				Einbau oder Erneuerung von Fußbodenaufbauten auf der Warmseite	0,50	
4.4	Decke nach unten gegen Außenluft			Maßnahmen nach Zeilen 4.1 bis 4.3	0,24	0,35

[1] Sonderverglasung (z.B. 40 dB Schallschutz oder Durchschuss- oder Einbruchhemmung)

[2] Decken und Wände gegen den unbeheizten Dachraum von Steildächern werden Dächern zugeordnet.

Tabelle 1.2: Mindestwärmeschutz nach DIN 4108-2

Bauteil						Mindestwärmedurchlasswiderstand R in m² · K/W	Daraus abgeleiteter U-Wert[1] zul. U in W/(m² · K)
Schwere Massivbauteile ≥ 100 kg/m²	1.1	Wände		Außenwände gegen Außenluft		1,20 [0,55][2]	0,73 [1,39][2]
	1.2			Wände gegen Durchfahrten, offene Hausflure, Garagen			
	1.3			Wände gegen Erdreich			0,75 [1,47][2]
	1.4			Treppenraumwände	gegen Treppenraum mit Temperaturen bis ca. 10 °C, aber frostfrei	0,25	2,38
	1.5				gegen Treppenraum mit Temperaturen über ca. 10 °C	0,07	4,17
	1.6			Wohnungstrennwände, Wände zwischen fremdgenutzten Räumen			
	2.1	Decken	Über Wohnraum	Decken unter nicht ausgebauten Dachräumen, Decken unter nicht ausgebauten Spitzböden		0,90	0,93
	2.2			Wohnungstrenndecken, Decken zwischen fremdgenutzten Räumen		0,35	1,92
	2.3			Decken unter ausgebauten Dachräumen			
	2.4		Unter Wohnraum	Unterer Abschluss direkt an Erdreich grenzend		0,90	0,97
	2.5			Unterer Abschluss über einen unbelüfteten Hohlraum an Erdreich grenzend			0,93
	2.6			Kellerdecken, Decken über unbeheizten, aber geschlossenen Räumen			
	2.7			Decken über Garagen, Durchfahrten, belüfteten (Kriech-)Kellern		1,75	0,52
	3.1	Dächer		Steildach	Wärmegedämmte Dachschräge gegen Außenluft	0,90	0,93
	3.2			Flachdach	Wärmegedämmte Dachdecke, auch Dachterrasse, Umkehrdach ...	1,20	0,73
Leichte Bauteile < 100 kg/m²	4.1	Leichte Bauteile	Flächig homogen	Außenwände		1,75	0,52
	4.2			Decken unter nicht ausgebauten Dachräumen, Decken unter nicht ausgebauten Spitzböden			
	4.3			Dächer			
	4.4		Rippe und Gefach	Außenwände		Gefach: 1,75 Mittel: 1,00	Gefach: 0,52 Mittel: 0,85
	4.5			Decken unter nicht ausgebauten Dachräumen, Decken unter nicht ausgebauten Spitzböden			
	4.6			Dächer			

1) Bei Annahme der Wärmeübergangswiderstände innen: R_{si} = 0,13 m² · K/W; außen: R_{se} = 0,04; außen gegen Erdreich: R_{se} = 0

2) Werte in Klammern gelten abweichend für Innentemperaturen ≥ 12 und < 19 °C.

Tabelle 1.3: Dämmdicken von Wärmeverteil- und Warmwasserleitungen sowie Armaturen, bezogen auf eine Wärmeleitfähigkeit von 0,035 W/(m · K). Für abweichende Wärmeleitfähigkeiten *siehe Tabelle 1.5 auf Seite 33.*

Innendurchmesser der Leitung/Armatur	**Dicke der Dämmung**	
	100 %-Anforderung	**50 %-Anforderung**
bis 22 mm	20 mm	10 mm
über 22 bis 35 mm	30 mm	15 mm
über 35 bis 100 mm	wie Innendurchmesser	Innendurchmesser/2
über 100 mm	100 mm	50 mm

Tabelle 1.4: Zuordnung der Anforderungen der *Tabelle 1.3* nach Verlegesituation

Zeile	**Verlegesituation**	**Anforderung**
1	allgemein, insbesondere Verlegung in unbeheiztem Raum, außer Zeilen 2 bis 7	100 %
2	an Durchbrüchen, Kreuzungen und Verbindungsstellen	50 %
3	an zentralen Leitungsnetzverteilern	50 %
4	Verlegung nach dem 31.01.2002 in Bauteilen zwischen beheizten Räumen verschiedener Nutzer (z.B. im Mehrfamilienhaus)	50 %
5	wie Zeile 4, aber Verlegung im Fußbodenaufbau	6 mm
6	Verlegung im beheizten Raum oder in Bauteilen zwischen beheizten Räumen eines Nutzers (z.B. Einfamilienhaus), soweit die Leitungen absperrbar sind	keine Anforderung
7	Warmwasserleitung bis 22 mm Innendurchmesser ohne Zirkulation und ohne elektrische Begleitheizung	keine Anforderung
8	Ersatz bzw. erstmaliger Einbau von Leitungen bzw. Armaturen, die an die Außenluft grenzen	das 2-fache der Anforderungen in Zeile 1 bis 7

Tabelle 1.5: Dämmdicken in mm von Wärmeverteil- und Warmwasserleitungen sowie Armaturen

Außen-Ø in mm	Innen-Ø in mm	Material	100 %-Anforderung					50 %-Anforderung				
			λ der Wärmedämmung					λ der Wärmedämmung				
			0,025	0,030	0,035	0,040	0,045	0,025	0,030	0,035	0,040	0,045
10,0	8,0	Cu	10	14	20	28	38	5	7	10	13	18
10,2	6,2	Fe	10	14	20	28	37	5	7	10	13	18
12,0	10,0	Cu	10	14	20	27	36	5	7	10	13	17
13,5	8,9	Fe	10	15	20	27	35	5	8	10	13	17
15,0	13,0	Cu	11	15	20	27	35	6	8	10	13	16
17,2	12,6	Fe	11	15	20	26	34	6	8	10	13	16
18,0	16,0	Cu	11	15	20	26	34	6	8	10	13	16
21,3	16,1	Fe	11	15	20	26	33	6	8	10	13	15
22,0	19,0	Cu	11	15	20	26	32	6	8	10	12	15
26,9	21,7	Fe	12	16	20	25	31	6	8	10	12	15
28,0	25,0	Cu	17	23	30	39	49	9	12	15	19	23
33,7	27,3	Fe	17	23	30	38	48	9	12	15	18	22
35,0	32,0	Cu	18	23	30	38	47	9	12	15	18	22
42,0	39,0	Cu	23	30	39	49	62	12	16	20	24	29
42,2	36,0	Fe	21	28	36	45	56	11	14	18	22	27
48,3	41,9	Fe	25	33	42	53	65	13	17	21	26	31
54,0	50,0	Cu	29	39	50	63	79	16	20	25	31	37
60,3	53,1	Fe	31	41	53	67	83	17	21	27	32	39
64,0	60,0	Cu	35	47	60	76	94	19	24	30	37	44
76,0	72,0	Cu	42	56	72	91	113	23	29	36	44	53
76,1	68,9	Fe	41	54	69	87	107	22	28	34	42	50
88,9	80,9	Fe	48	63	81	102	126	26	33	40	49	59
89,0	85,0	Cu	50	66	85	107	133	27	34	43	52	62
108,0	103,0	Cu	59	78	100	125	155	32	40	50	61	72
114,3	105,3	Fe	60	78	100	125	154	32	41	50	60	72

2 Fragen und Antworten

2.1 Energieausweis

Frage 1:

Muss für selbstgenutzte Immobilien ein Energieausweis ausgestellt werden?

Antwort:

Bei neuen Gebäuden (außer kleinen Gebäuden mit maximal 50 m^2 Nutzfläche) ist immer ein Energieausweis auszustellen.

Bei bestehenden Gebäuden ist dies nur dann und auch erst dann nötig, wenn das Objekt vermietet, verpachtet, geleast oder verkauft wird. Wer also in seinem bestehenden Einfamilienhaus selbst wohnt, braucht keinen Energieausweis.

Frage 2:

Wie lange gilt ein Energieausweis?

Antwort:

Grundsätzlich 10 Jahre ab Ausstellungsdatum. Dies gilt auch für Ausweise nach früheren Verordnungen, also Wärmebedarfsausweise (Wärmeschutzverordnung 1995) und Energiebedarfsausweise (EnEV 2002/2004), und für Energiepässe, die im Rahmen des Feldversuchs der dena (Deutsche Energieagentur) ausgestellt wurden.

Frage 3:

Welche Fristen gelten für Energieausweise?

Antwort:

Für neue Gebäude (ausgenommen kleine Gebäude mit maximal 50 m^2 Nutzfläche) gelten keine besonderen Fristen. Ein Energieausweis ist im Zusammenhang mit der Herstellung des Gebäudes unverzüglich auszustellen und bereitzuhalten.

Für bestehende Wohngebäude mit Fertigstellung bis 31.12.1965 muss seit dem 01.07.2008 ein Energieausweis erst dann vorliegen, wenn eine Neuvermietung bzw. ein Verkauf stattfindet.

Für Wohngebäude mit Fertigstellung nach dem 31.12.1965 gilt als entsprechender Stichtag der 01.01.2009.

Für Nichtwohngebäude muss seit dem 01.07.2009 ein Energieausweis erst dann vorliegen, wenn eine Neuvermietung, eine Neuverpachtung, ein Neuleasing oder ein Verkauf stattfindet.

Maßgeblich ist nicht der Beginn der Nutzung durch den Mieter/Pächter/Leasingnehmer bzw. Käufer, sondern der Tag des Vertragsschlusses.

Für öffentliche Nichtwohngebäude mit Publikumsverkehr und mehr als 1.000 m^2 Nutzfläche (Ämter mit Publikumsverkehr, Schulen, Hochschulen, Bäder usw.) muss spätestens seit dem 01.07.2009 ein Energieausweis ausgestellt und deutlich sichtbar ausgehängt sein.

Welcher Ausweis auszustellen ist (verbrauchsbezogen oder bedarfsbezogen), wird in *Frage 13* behandelt.

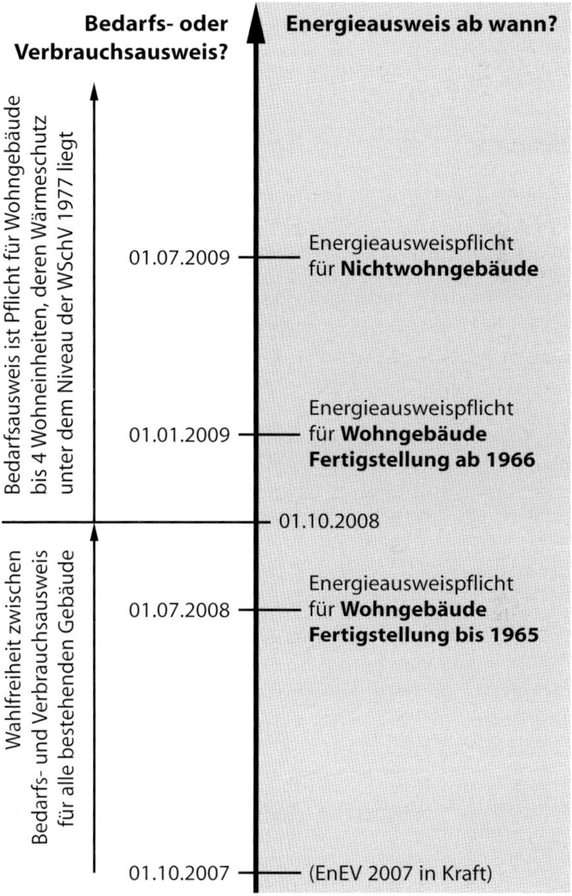

Abb. 2.1: Fristen für Energieausweise

Frage 4:

Wer darf Energieausweise für neue Gebäude ausstellen?

Antwort:

Die Berechtigung zur Ausstellung von Energieausweisen für neue Gebäude ergibt sich aus dem Baurecht des betreffenden Bundeslandes. Die EnEV selbst enthält hierzu keine Regelung.

Meist wird im Landesrecht die Berechtigung zur Ausweisausstellung an die Bauvorlageberechtigung geknüpft: Wer für ein bestimmtes Gebäude bauvorlageberechtigt ist, also als Planverfasser zugelassen ist, darf auch den Energieausweis ausstellen.

In einigen Bundesländern sind neben Architekten auch Bauingenieure, Bautechniker und/oder bestimmte Handwerksmeister begrenzt bauvorlage- und damit ausstellungsberechtigt. Darüber hinaus können weitere Fachleute/Sachverständige zugelassen sein.

Wer im Einzelnen ausstellungsberechtigt ist, steht in den Durchführungsbestimmungen der Bundesländer zur EnEV. *Eine Übersicht über die Bestimmungen finden Sie auf der Internetseite zum Buch (siehe Seite 6).* Konkrete Auskünfte zu den Durchführungsbestimmungen erteilen die unteren Baurechtsbehörden.

Die Berechtigung zur Ausstellung von Energieausweisen für neue Gebäude ist im Landesrecht geregelt.

Frage 5:

Wer darf Energieausweise für bestehende Gebäude ausstellen?

Antwort:

Die Berechtigung zur Ausstellung von Energieausweisen für bestehende Gebäude ist in § 21 EnEV geregelt.

Der Zugang zur Ausstellungsberechtigung ist demnach zweistufig. Erforderlich ist:

1. Einschlägige Ausbildung,
2. Einschlägige Zusatzqualifikation.

Ohne weitere Voraussetzungen ausstellungsberechtigt sind außerdem diejenigen Fachleute, die nach Landesrecht Wärmeschutz-/Energiesparnachweise/Energieausweise für neue Gebäude erstellen dürfen. Die Ausstellungsberechtigung beschränkt sich dabei auf solche bestehenden Gebäude, für die die Fachleute im Falle des Neubaus nachweisberechtigt sind.

Beispiel: Ein Zimmermeister ist in Baden-Württemberg für bestimmte, neu zu erstellende Wohn- und Nichtwohngebäude als Planverfasser und Aussteller des Energieausweises zugelassen. Für diese Gebäude ist er deshalb auch im Bestand ausstellungsberechtigt (*siehe auch Frage 4*).

Im Weiteren ist zwischen Wohn- und Nichtwohngebäude zu unterscheiden (*siehe Frage 6 und Frage 7*).

Frage 6:

Wer darf Energieausweise für bestehende Nichtwohngebäude ausstellen?

Antwort:

Als einschlägige Ausbildung kommt insbesondere ein berufsqualifizierendes Studium (Diplom, Bachelor, Master, Staatsexamen) der folgenden Fachrichtungen infrage:

- Architektur,
- Bauingenieurwesen,
- Technische Gebäudeausrüstung (TGA),
- Physik,
- Bauphysik,
- Maschinenbau,
- Elektrotechnik.

Als einschlägige Zusatzqualifikation reicht eine der folgenden:

- Studienschwerpunkt (während der Ausbildung) im Energie sparenden Bauen oder
- 2 Jahre Berufserfahrung in Bau- oder Anlagentechnik oder
- Fortbildung nach Anlage 11 EnEV (Energieberaterkurs für Nichtwohngebäude) oder
- öffentliche Bestellung als vereidigter Sachverständiger im Bereich des Energie sparenden Bauens oder im Bereich Bau oder im Bereich Anlagentechnik.

Beispiele für Ausstellungsberechtigte in diesem Sinne:

- Architekt oder Bauingenieur mit 2 Jahren Berufserfahrung,

- TGA-, Elektro- oder Maschinenbauingenieur mit Energieberaterfortbildung für Nichtwohngebäude,
- Dipl.-Bauphysiker (i.d.R. ist in der Ausbildung ein Studienschwerpunkt im Bereich des Energie sparenden Bauens enthalten).

Frage 7:

Wer darf Energieausweise für bestehende Wohngebäude ausstellen?

Antwort:

Wer Energieausweise für Nichtwohngebäude ausstellen darf, darf dies auch für Wohngebäude (*siehe Frage 6*).

Für Wohngebäude kommen weitere Aussteller infrage. Als einschlägige Ausbildungen gelten insbesondere:

- Studium (berufsqualifizierend) der Fachrichtung Innenarchitektur,
- Handwerksmeister (und handwerksrechtlich Gleichgestellte) aus dem Bereich Bau- und Anlagentechnik,
- Schornsteinfegermeister (und handwerksrechtlich Gleichgestellte),
- Techniker mit Ausbildungsschwerpunkt Bau- oder Anlagentechnik (z.B. Bautechniker).

Als einschlägige Zusatzqualifikation reicht eine der folgenden:

- Studien-/Ausbildungsschwerpunkt im Energie sparenden Bauen oder
- 2 Jahre Berufserfahrung in Bau- oder Anlagentechnik oder

- Fortbildung nach Anlage 11, Nr. 1 und 2 der EnEV (Energieberaterkurs für Wohngebäude) oder
- öffentliche Bestellung als vereidigter Sachverständiger im Bereich des Energie sparenden Bauens oder im Bereich Bau oder im Bereich Anlagentechnik.

Ferner genießen folgende Personen Bestandsschutz und dürfen auch dann Energieausweise für Wohngebäude ausstellen, wenn sie nicht über eine einschlägige Ausbildung verfügen:

- Antragsberechtigte in der Vor-Ort-Beratung des Bundesamtes für Ausfuhrkontrolle (BAFA), wenn sie schon vor dem 25.04.2007 antragsberechtigt waren,
- Energieberater des Handwerks (auch „Gebäudeenergieberater HWK"), die vor dem 25.04.2007 ihre Fortbildung abgeschlossen oder zumindest begonnen haben,
- Energiefachberater im Baustoffhandel bzw. in der Baustoffindustrie (mit abgeschlossener Berufsausbildung in Baustoffhandel oder -industrie), die vor dem 25.04.2007 ihre Fortbildung abgeschlossen oder zumindest begonnen haben.

Beispiele für Ausstellungsberechtigte:

- Bautechniker mit 2 Jahren einschlägiger Berufserfahrung,
- Schornsteinfegermeister mit Fortbildung zum Energieberater für Wohngebäude,
- Handwerksmeister mit Fortbildung zum Energieberater des Handwerks, der seine Fortbildung vor dem 25.04.2007 begonnen hat.

Frage 8:

Wie hat ein Eigentümer einem Miet- oder Kaufinteressenten den Energieausweis zugänglich zu machen?

Muss er ihm eine Kopie des Ausweises überlassen?

Antwort:

Der Eigentümer muss dem ernsthaften Interessenten den Ausweis zur Einsicht vorlegen, spätestens, wenn dieser die Vorlage verlangt. Als ernsthaft gilt etwa ein Interessent, der das Objekt besichtigt. Der Eigentümer ist nicht verpflichtet, dem Interessenten eine Kopie des Energieausweises zu überlassen.

Davon abgesehen kann es aber sinnvoll sein, dem Interessenten alle zur Beurteilung des Objektes notwendigen Unterlagen – dazu gehört auch der Energieausweis – in Kopie mitzugeben.

Wenn der Ausweis nicht vorgelegt wird und dennoch ein Miet- oder Kaufvertrag zustande kommt, ist dieser rechtsgültig.

Um späteren Ansprüchen (Mietminderung o.Ä.) aus dem Weg zu gehen, wird die Vorlage des Energieausweises dringend empfohlen. Die Vorlage muss später beweisbar sein, etwa durch ausdrückliche Bezugnahme im Vertrag.

Frage 9:

Für welche Gebäude müssen Modernisierungsempfehlungen gegeben werden?

Antwort:

Für alle bestehenden Gebäude, für die ein Energieausweis ausgestellt wird. Dabei ist es unerheblich, ob der Ausweis auf Verbrauchs- oder auf Bedarfsbasis (*siehe Frage 11*) ausgestellt wird.

Das Blatt „Modernisierungsempfehlungen" ist auch dann auszustellen und dem Ausweis beizufügen, wenn keine kostengünstigen Maßnahmen empfohlen werden können. Dann nämlich ist im vorgesehenen Formblatt die Option „ ... Empfehlungen ... sind nicht möglich." anzukreuzen.

Zu jedem Energieausweis im Gebäudebestand ist das Blatt „Modernisierungsempfehlungen" auszustellen.

Frage 10:

Müssen Modernisierungsempfehlungen zum Energieausweis dem Miet- bzw. Kaufinteressenten vorgelegt werden?

Antwort:

Grundsätzlich nein. Die Modernisierungsempfehlungen sind für den Eigentümer bestimmt und dienen diesem als Anhaltspunkt für mögliche Modernisierungsansätze. Sie sind kein unmittelbarer Bestandteil des Ausweises. Einem Miet- oder Kaufinteressenten muss nur der eigentliche Ausweis vorgelegt werden.

Anmerkung: Die EnEV samt Begründung ist in dieser Frage nicht ganz eindeutig. Es wird deshalb gelegentlich die Auffassung vertreten, die Modernisierungsempfehlungen seien dem Miet- bzw. Kaufinteressenten vorzulegen. Zu bedenken ist außerdem, dass ein Käufer nach Vertragsschluss argumentieren könnte, der Verkäufer habe ihm Mängel am Objekt verschwiegen.

Im Sinne der Rechtssicherheit kann es sinnvoll sein, die Modernisierungsempfehlungen dem Interessenten mit dem Energieausweis vorzulegen.

Frage 11:

Wie unterscheiden sich Bedarfs- und Verbrauchsausweis?

Antwort:

Bedarf = vorausberechnete Größe

Verbrauch = gemessene Größe

Für den Bedarfsausweis (bedarfsbezogener Energieausweis) wird der Energiebedarf (End- und Primärenergie) durch rechnerische Bewertung der Gebäudehülle und der Anlagentechnik ermittelt. Es werden standardisierte Randbedingungen verwendet, damit Gebäude unterschiedlicher Standorte vergleichbar sind. Das Klima von Würzburg wird als Referenzklima Deutschlands angenommen. Das Nutzerverhalten hat auf den berechneten Bedarf keinen Einfluss.

Für den Verbrauchsausweis (verbrauchsbezogener Energieausweis) werden die Verbrauchsdaten mindestens der letzten 3 Abrechnungsjahre ausgewertet. Aus Gründen der Vergleichbarkeit werden die Verbrauchsdaten einer Witterungsbereinigung unterzogen. Das Ergebnis wird stets erheblich vom Nutzerverhalten beeinflusst. Geiziges Heizen führt bei ansonsten gleichen Gebäuden zu günstigeren Verbrauchskennzahlen als großzügiges Heizen.

Der Verbrauchsausweis ist in aller Regel schneller erstellt und kostengünstiger als der Bedarfsausweis.

Beide Ausweise erfüllen die gesetzlichen Anforderungen und sind 10 Jahre gültig.

Frage 12:

Wie wird eine Witterungsbereinigung beim Verbrauchsausweis durchgeführt?

Was ist zu tun, wenn keine Jahreszeiträume vorliegen?

Antwort:

Die Verbrauchswerte für die Heizung müssen, ggf. nach Abzug des Verbrauchs für die Warmwasserbereitung, hinsichtlich der Witterung bereinigt werden. Dies erlaubt zum einen eine Umrechnung auf deutsches Standardklima, zum anderen werden die Unterschiede zwischen den Wintern (kalte und milde) herausgerechnet.

Der Deutsche Wetterdienst veröffentlicht in regelmäßigen Abständen entsprechende Klimafaktoren. Die Werte sind allerdings nur anwendbar, wenn die Abrechnungsperioden 1 Jahr lang sind.

Bei abweichender Länge muss die Bereinigung nach anerkannten Regeln erfolgen. Solche Regeln sind in einigen Softwareprogrammen hinterlegt.

Die aktuellen Klimafaktoren des Deutschen Wetterdienstes finden Sie auf der Internetseite zum Buch (siehe Seite 6).

Frage 13:

Besteht zwischen Bedarfs- und Verbrauchsausweis bei bestehenden Gebäuden immer Wahlfreiheit?

Antwort:

Für die meisten bestehenden Gebäude besteht grundsätzlich Wahlfreiheit zwischen verbrauchs- und bedarfsbezogenem Ausweis (*siehe auch Abb. 2.1 auf Seite 37*).

Eine Ausnahme stellen lediglich ältere Wohngebäude mit weniger als 5 Wohnungen dar, die gleichzeitig einen sehr schlechten Wärmeschutz aufweisen. Als Grenzwert wird hierbei das Niveau der Wärmeschutzverordnung 1977 angesetzt. Also betrifft dies nur Gebäude, für die vor dem 01.11.1977 (Inkrafttreten der Wärmeschutzverordnung 1977) der Bauantrag gestellt wurde und die zwischenzeitlich nicht auf das Niveau der Wärmeschutzverordnung 1977 angehoben wurden. Für diese Gebäude war die Ausstellung eines verbrauchsbezogenen Ausweises nur bis zum 30.09.2008 zulässig; bei Ausstellung seit dem 01.10.2008 ist der bedarfsbezogene Ausweis verpflichtend.

Anmerkung: Jeder Energieausweis ist 10 Jahre gültig. Ein bereits vorliegender Ausweis für ein älteres, schlecht gedämmtes Gebäude bleibt also auch nach dem 01.10.2008 gültig.

Da der bedarfsbezogene Energieausweis in aller Regel wesentlich teurer als der verbrauchsbezogene ist, sollten Eigentümer der oben beschriebenen Gebäudeklasse vom Ausweisaussteller prüfen lassen, ob der verbrauchsbezogene Ausweis nicht doch zulässig ist.

Frage 14:

Wie kann ich feststellen, ob ein Gebäude die Wärmeschutzverordnung 1977 erfüllt?

Antwort:

Die wenigsten Ausweisersteller dürften noch im Besitz der Wärmeschutzverordnung 1977 sein. Aus diesem Grunde hat das Bundesministerium für Verkehr, Bau und Stadtentwicklung in der „Bekanntmachung der Regeln zur Datenaufnahme und Datenverwendung im Wohngebäudebestand" das Anforderungsniveau der Wärmeschutzverordnung 1977 beschrieben.

Demnach müssen entweder bestimmte U-Werte für alle Außenbauteile eingehalten werden, oder es ist ein bestimmter mittlerer U-Wert der Gebäudehülle in Abhängigkeit vom A/V-Verhältnis (Verhältnis der wärmeübertragenden Umfassungsfläche zum beheizten Volumen) vorgegeben.

Die U-Werte sind nach den modernen Rechenvorschriften (für opake Bauteile DIN EN ISO 6946, für Fenster und Türen DIN V 4108-4) zu bestimmen, was angesichts fehlender Baustoffkennwerte nicht ganz einfach ist. Alternativ bietet die Bekanntmachung tabellierte U-Werte alter Bauteile an, die ebenfalls verwendet werden dürfen.

Die Bekanntmachung ist auf der Internetseite zum Buch zu finden (siehe Seite 6).

Frage 15:

Welche Vereinfachungen sind bei der Datenerfassung im Bestand zulässig (Maße, Bauteile, Anlagen)?

Antwort:

Es sind sehr weitgehende Vereinfachungen zulässig. Diese sind im Einzelnen in der „Bekanntmachung der Regeln zur Datenaufnahme und Datenverwendung im Wohngebäudebestand" des Bundesministeriums für Verkehr, Bau und Stadtentwicklung erläutert.

Für das Flächenaufmaß gelten beispielsweise folgende Vereinfachungen:

- Die Fensterfläche darf mit 20% der Wohnfläche angesetzt werden.
- Innen liegende Kellerabgänge dürfen vernachlässigt werden.

U-Werte können Tabellen entnommen werden, die die alten Bauteile nach Baualter und Bauweise (Massivbau, Holzbau usw.) einteilen. Ebenso erfolgt die Bewertung alter Anlagentechnik vereinfacht tabellarisch.

Die Bekanntmachung ist auf der Internetseite zum Buch zu finden (siehe Seite 6).

Frage 16:

Kann es für ein Gebäude mehrere Energieausweise geben?

Antwort:

Ja, wenn das Gebäude wegen gemischter Nutzung (Wohn- und Nichtwohnnutzung) aufgeteilt wird. Dann nämlich ist für den Teil mit Wohnnutzung ein Energieausweis für Wohngebäude auszustellen, für den Teil mit Nichtwohnnutzung dagegen ein Ausweis für Nichtwohngebäude (*siehe auch Frage 43*).

Mehrere Ausweise kommen auch dann infrage, wenn ein Gebäude aus mehreren, baulich eigenständigen Gebäudeteilen zusammengesetzt ist. Dies ist etwa bei Doppel- oder Reihenhäusern der Fall.

Frage 17:

Können Energieausweise in Mehrfamilienhäusern wohnungsbezogen ausgestellt werden?

Antwort:

Grundsätzlich nein. Energieausweise werden gebäudebezogen ausgestellt. Lediglich in Sonderfällen kann es einen wohnungsbezogenen Ausweis geben. Wenn etwa in einem Nichtwohngebäude eine einzige Wohnung existiert (Hausmeisterwohnung einer Schule), dann muss für den Gebäudeteil mit Wohnnutzung, und damit für die einzelne Wohnung, ein separater Energieausweis für Wohngebäude ausgestellt werden.

Frage 18:

Welchen Zustand muss ein Energieausweis für ein neues Gebäude dokumentieren?

Antwort:

Den fertigen Zustand.

Wenn also im Zuge der Genehmigungsplanung ein Ausweis erstellt wurde, ist dieser nicht unbedingt auf Dauer gültig. Vielmehr ist er nach Fertigstellung des Gebäudes durch einen neuen zu ersetzen, wenn das fertige Gebäude nicht genau dem Zustand entspricht, der dem vorhandenen Ausweis zugrunde liegt.

Dem ersten regulären Nutzer eines Gebäudes muss ein zutreffender Energieausweis zur Verfügung stehen.

Frage 19:

Muss bei der Erweiterung eines Gebäudes ein Energieausweis ausgestellt werden?

Antwort:

Nicht unbedingt. Ein Ausweis ist nur dann obligatorisch, wenn im Zusammenhang mit der Gebäudeerweiterung alle für die Ausstellung des Ausweises erforderlichen Berechnungen ohnehin erfolgt sind. Dies wird allerdings regelmäßig nicht der Fall sein, weil der EnEV-Nachweis nur für den neuen Gebäudeteil zu führen ist und damit auch nur für den neuen Gebäudeteil Berechnungen vorliegen.

Da der Ausweis für das gesamte Gebäude zu erstellen ist, kann es im Falle der Erweiterung grundsätzlich nur ein bedarfsbezogener Ausweis sein, denn Verbrauchswerte für das geänderte Gebäude liegen noch nicht vor.

Es bleibt also dem Bauherrn überlassen, ob er im Zuge der Erweiterung das gesamte geänderte Gebäude bewerten lässt, um auf Basis dieser Bewertung einen bedarfsbezogenen Energieausweis ausstellen zu lassen.

Anmerkung: Wenn die Erweiterung maximal 50 % der vorherigen Nutzfläche beträgt und wenn gleichzeitig kein Außenbauteil geändert wird, entfällt die Pflicht zur Ausstellung eines Energieausweises wiederum.

Unabhängig von oben stehender Betrachtung kann es sein, dass ein Ausweis wegen geplanter Vermietung bzw. Verkauf benötigt wird.

Frage 20:

Muss bei einer Nutzungsänderung ein neuer Energieausweis erstellt werden?

Antwort:

Nein. Ein korrekt ausgestellter Energieausweis gilt 10 Jahre. Gleichwohl gibt der Ausweis im Falle einer erheblich veränderten Nutzung nicht mehr den Zustand des Gebäudes wieder.

Gleiches gilt sinngemäß bei der Veränderung des Gebäudes, etwa bei Sanierung von Außenbauteilen oder bei Austausch der Heizung. Auch dann gibt der vorhandene Energieausweis nicht mehr den aktuellen Zustand des Gebäudes wieder – trotzdem ist kein neuer Energieausweis erforderlich.

Dessen ungeachtet kann es sinnvoll sein, einen neuen Energieausweis auszustellen, wenn die energetischen Verhältnisse sich grundlegend ändern. Andernfalls wird im Falle eines Mieter- oder Eigentümerwechsels das Gebäude unzutreffend dargestellt, was wiederum rechtlich bedenklich sein kann.

Frage 21:

Kann für ein kürzlich saniertes Bestandsgebäude der Verbrauchsausweis erstellt werden, obwohl nach Sanierung noch keine 3 Abrechnungsperioden vergangen sind?

Antwort:

Ja. Gleichwohl wäre ein Bedarfsausweis auf Basis des geänderten Gebäudes die sinnvollere, weil dem tatsächlichen Gebäudezustand entsprechende, Variante. Der Bedarfsausweis erfordert aber umfangreiche Ermittlungen und ist deshalb deutlich teurer als der Verbrauchsausweis.

Der kostengünstigere Verbrauchsausweis wird, weil er auf Verbrauchsdaten der Vergangenheit basiert, das Gebäude schlechter darstellen, als es ist.

Als Ausweg aus diesem Dilemma bietet sich ggf. folgende Lösung an: Es wird zunächst der Verbrauchsausweis auf Basis der vorliegenden Verbrauchsdaten ausgestellt. Sobald die Verbrauchsdaten von 3 Abrechnungsperioden (3 Jahren) nach Sanierung vorliegen, wird der Ausweis durch einen neuen, dann zutreffenden Verbrauchsausweis ersetzt.

Dem Bauherrn bleibt es selbst überlassen, welchen Weg er wählt.

Frage 22:

Löst die Sanierung von Außenbauteilen die Pflicht zur Ausstellung eines Energieausweises aus?

Antwort:

Zunächst einmal nein.

Die EnEV verlangt bei Bauteilsanierungen nur dann die Ausstellung eines Energieausweises (natürlich auf Bedarfsbasis), wenn die dazu erforderlichen Berechnungen für das ganze Gebäude ohnehin erfolgt sind, wenn also die für den Ausweis erforderlichen Werte bereits vorliegen. (Die Berechnung könnte im Sinne der *Frage 89* erfolgt sein.)

Dies gilt auch dann, wenn im Zuge der Bauteilsanierung das Gebäude erweitert wird und für den hinzukommenden Gebäudeteil der EnEV-Nachweis wie für den Neubau geführt werden muss. Dann nämlich liegen die für den Ausweis erforderlichen Werte nicht vor, denn der EnEV-Nachweis bezieht sich nur auf den hinzukommenden Gebäudeteil.

Der Energieausweis bezieht sich aber auf das ganze Gebäude und kann also nur nach weitergehenden Berechnungen ausgestellt werden. Hier gilt deshalb ebenfalls, dass ein Ausweis nur dann ausgestellt werden muss, wenn die dazu erforderlichen Berechnungen für das ganze Gebäude ohnehin erfolgt sind.

Häufig kann bei Gebäudeerweiterungen der bedarfsbezogene Energieausweis ohne allzu großen Aufwand ausgestellt werden.

Frage 23:

Welchen Einfluss hat die Witterungsbereinigung auf den im verbrauchsbasierten Energieausweis ausgewiesenen Endenergieverbrauch für Warmwasser (Wohngebäude)?

Antwort:

Theoretisch gar keinen. Die Witterungsbereinigung erfolgt nur für den auf die Heizung entfallenden Anteil des Energieverbrauchs. Der Energieverbrauch für Warmwasser wird nicht witterungsbereinigt.

Allerdings ist bei Wohngebäuden die Ermittlung des Energieverbrauchs für Warmwasser nach Heizkostenverordnung mitunter ungenau, wenn keine Messwerte vorliegen.

Diese Ungenauigkeit führt naturgemäß zu einem Fehler.

Tatsächlich kann der Fehler meist vernachlässigt werden, da er, von Ausnahmen abgesehen, keinen großen Einfluss auf den Energieverbrauchskennwert und damit auf die Kernaussage des verbrauchsbezogenen Energieausweises hat.

§ 2.2 Recht und Vollzug

Frage 24:

Wer überwacht die Umsetzung der EnEV?

Antwort:

Wer den Vollzug der EnEV insgesamt überwacht, ist in den Durchführungsbestimmungen der Bundesländer geregelt. In aller Regel ist es die untere Bauaufsichtsbehörde (Baurechtsamt).

Wesentliche Elemente, welche die Bauaufsichtsbehörde nutzt, sind der Energieausweis und die Unternehmererklärung (*siehe hierzu Frage 25*). Deren Vorlage kann die Behörde jederzeit verlangen.

Daneben ist gemäß § 26b EnEV der Bezirksschornsteinfeger als Beliehener im Rahmen der ohnehin stattfindenden Feuerstättenschau beauftragt, die Einhaltung der EnEV im Bereich der Anlagentechnik bestehender Gebäude zu überprüfen (*siehe auch Frage 26*).

Bußgelder kann die nach Landesrecht zuständige Behörde verhängen, *siehe hierzu auch Frage 30.*

Neben der bauaufsichtlichen Überwachung sollte man im Auge behalten, dass die Nichteinhaltung der EnEV auch zivilrechtliche Forderungen nach sich ziehen kann (*siehe hierzu Frage 29*).

§§

Frage 25:

Wann und wozu bedarf es einer Unternehmererklärung?

Antwort:

Gemäß § 26a EnEV ist eine Unternehmererklärung auszustellen bei

- Bauteilsanierungen (bei denen die EnEV zu beachten ist),
- Einbau/Austausch von Heizungen, Verteilungseinrichtungen und Warmwasseranlagen,
- Einbau/Austausch von Klimaanlagen sowie größeren Lüftungsanlagen (letztere ab 4.000 m³/h Zuluft).

Das ausführende Unternehmen bestätigt darin, dass die Anforderungen der EnEV eingehalten wurden, bzw. warum sie ggf. nicht eingehalten wurden.

Die Unternehmererklärung ist vom Eigentümer mindestens 5 Jahre aufzubewahren und der zuständigen Baurechtsbehörde auf Verlangen vorzulegen.

Unternehmererklärungen gab es auf Länderebene bereits vor der EnEV 2009, jedoch wurden diese in der Praxis im Bereich von Bauteilsanierungen selten ausgestellt.

Ein einfaches Formular für die Unternehmererklärung ist auf der Internetseite zum Buch zu finden (siehe Seite 6).

Frage 26:

Welche Überwachungsfunktion wird vom Schornsteinfeger ausgeübt?

Antwort:

Der Bezirksschornsteinfegermeister überprüft als Beliehener bei seiner Begehung im Rahmen der ohnehin stattfindenden Feuerstättenschau,

- ob die Pflicht zum Austausch alter Heizkessel erfüllt wurde,
- ob die Pflicht zur Dämmung ungedämmter Wärmeverteil- oder Warmwasserleitungen erfüllt wurde,
- ob bei Heizungserneuerungen die Anforderungen des § 14 EnEV (z.B. hinsichtlich Vorhandensein einer automatisch geregelten Umwälzpumpe) eingehalten wurden.

Wenn der Schornsteinfegermeister Abweichungen vom Sollzustand feststellt, hat er schriftlich und mit Fristsetzung die Nachbesserung zu verlangen.

Kommt der Bauherr dieser Aufforderung nicht nach, muss der Schornsteinfegermeister den Fall an die zuständige Behörde melden.

Frage 27:

Gibt es auf Länderebene Unterschiede bei der Umsetzung der EnEV?

Antwort:

Ja.

Obwohl die EnEV eine Verordnung auf Bundesebene ist, obliegt die Durchführung (Umsetzung und Überwachung) den Bundesländern.

Grund: Das Bauordnungsrecht (Baugenehmigungen usw.) ist in Deutschland Ländersache. Jedes Bundesland hat somit seine etablierten Bauaufsichtsbehörden, bis hinunter auf kommunale Ebene.

Die Unterschiede zwischen den Ländern beziehen sich u.a. auf

- Zuständigkeiten, etwa für Befreiungen und Ausnahmen,
- Art und Umfang von Nachweisen über die Einhaltung der EnEV (z.B. Umgang mit Unternehmererklärungen),
- die Berechtigung zum Führen des EnEV-Energiesparnachweises und zum Ausstellen von Energieausweisen für neue Gebäude,
- Überwachungsmaßnahmen und -pflichten.

Einige Länder begnügen sich mit einer Minimalfassung einer Durchführungsverordnung, andere treffen umfangreiche Regelungen und geben zahlreiche Formulare vor.

Die derzeit gültigen Ländervorschriften zur EnEV sind auf der Internetseite zum Buch zu finden (siehe Seite 6).

§§

Frage 28:

Wer ist verantwortlich für die Einhaltung der EnEV?

Antwort:

Für die Einhaltung der EnEV-Vorschriften ist gemäß § 26 EnEV zunächst der Bauherr verantwortlich. Daneben stehen die beteiligten Baufachleute (Planer und Ausführende) als Beauftragte des Bauherrn in ihrem jeweiligen Wirkungskreis mit in der Verantwortung.

Bestimmte Verstöße gehen nicht vom Bauherrn aus und fallen daher nicht in seinen Verantwortungsbereich. Wer etwa unberechtigt Energieausweise ausstellt, falsche Unternehmererklärungen ausstellt oder ohne die erforderliche Sachkunde Klimaanlagen inspiziert, handelt auf eigene Verantwortung rechtswidrig.

Frage 29:

Welche rechtlichen bzw. finanziellen Risiken drohen bei Nichtbeachtung der EnEV?

Antwort:

Es ist zu unterscheiden zwischen bauordnungsrechtlichen und zivilrechtlichen Risiken.

Bauordnungsrechtlich sind einige Vorschriften der EnEV bußgeldbewehrt (*siehe hierzu Frage 30*).

Zivilrechtliche Risiken liegen vorwiegend in Form möglicher Schadensersatzansprüche vor. Der Geschädigte muss allerdings dem Schädiger dessen Verschulden nachweisen und die Höhe des Schadens nachvollziehbar belegen. Dies ist oft schwierig, aber keinesfalls unmöglich.

Denkbar wären etwa folgende Forderungen:

- Ein privater Bauherr macht einen Schaden in Form erhöhter Heizkosten geltend, weil der Handwerker ihn nicht auf die Anforderungen der EnEV hingewiesen hat.
- Ein Mieter macht einen Schaden in Form erhöhter Heizkosten beim Vermieter geltend, weil bei einer kürzlich erfolgten Außenwandsanierung die EnEV missachtet wurde. (Der Vermieter hält sich ggf. beim ausführenden Handwerker schadlos; siehe 1. Beispiel.)
- Der Käufer eines Hauses macht beim Verkäufer den Mangel geltend, dass bei der vor dem Verkauf erfolgten Komplettsanierung die EnEV nicht eingehalten wurde. Er besteht auf Kaufpreisminderung. (Der Verkäufer hält sich ggf. bei dem mit der Sanierungsplanung beauftragten Planer schadlos.)

Wer jedem Risiko aus dem Weg gehen will, halte sich an folgenden Grundsatz:

> **Entweder die EnEV wird konsequent eingehalten, oder es wird eine Befreiung (bzw. Ausnahme) beantragt (*siehe dazu Frage 34 und Frage 35*).**

Frage 30:

Welches Bußgeld droht bei welchen Verstößen?

Antwort:

Die EnEV definiert bußgeldbewehrte Ordnungswidrigkeiten in den Bereichen Anlagentechnik, Bauteilanforderungen, Energieausweise und Unternehmererklärungen. Für die Ordnungswidrigkeiten ist der Bußgeldrahmen im Energieeinsparungsgesetz (EnEG) vorgegeben. Vorsatz muss nicht gegeben sein, es reicht Leichtfertigkeit (grobe Fahrlässigkeit).

Ein Bußgeld bis zu 50.000 Euro droht u.a. demjenigen,

- der sein neues Gebäude nicht nach Vorschrift der EnEV errichten lässt,
- der Bauteilmaßnahmen unter Missachtung der EnEV durchführt,
- der nicht zugelassene Heizkessel einbaut oder gegen andere, einschlägige EnEV-Pflichten bzgl. Heizungsanlage verstößt.

Ein Bußgeld bis zu 15.000 Euro droht u.a. demjenigen,

- der einen Energieausweis nicht, nicht rechtzeitig oder nicht vollständig zugänglich macht, und/oder
- der als Eigentümer nicht für korrekte Daten zur Ausstellung eines Energieausweises sorgt,
- der unberechtigt oder wissentlich auf Basis falscher Daten einen Energieausweis ausstellt.

Ein Bußgeld bis zu 5.000 Euro droht u.a. demjenigen,

§§

- der eine Unternehmererklärung nicht, nicht richtig oder nicht rechtzeitig (also nicht unverzüglich nach Abschluss der Arbeiten) ausstellt.

Auch bei nicht bußgeldbewehrten Verstößen kann die Bauaufsicht Maßnahmen (z.B. in Form von Zwangsgeld) gegen den Verantwortlichen ergreifen. Es liegt dann nämlich ein rechtswidriger Zustand vor, der die Bauaufsicht zum Eingreifen ermächtigt.

Es bleibt abzuwarten, inwieweit und mit welchem Eifer die zuständigen Behörden Verstöße gegen die EnEV ahnden werden.

Frage 31:

Kann die Nichteinhaltung von Bauteilanforderungen der EnEV zum Bußgeld führen?

Antwort:

Ja, bis zu 50.000 €.

Dies ist eine wesentliche Änderung in der EnEV 2009 gegenüber der EnEV 2007. *Siehe auch Frage 30.*

Das Bußgeld kann sowohl den Bauherrn als auch den Unternehmer treffen.

§§

Frage 32:

Was unterscheidet Ausnahmen und Befreiungen?

Antwort:

Ausnahmen betreffen Baudenkmäler und sind in § 24 EnEV geregelt (*siehe auch Frage 35*).

Befreiungen kommen bei Vorliegen unbilliger Härten in Betracht und sind in § 25 EnEV geregelt (*siehe auch Frage 34*).

Ziel sowohl der Ausnahme als auch der Befreiung ist das Aussetzen der Anforderungen der EnEV in begründeten Einzelfällen.

In der Vergangenheit wurden sehr selten entsprechende Anträge gestellt. Dies mag sich angesichts des deutlich verschärften Bußgeldrisikos ändern.

Frage 33:

Welche Voraussetzungen müssen für eine Befreiung von den Anforderungen der EnEV erfüllt sein?

Antwort:

Eine Befreiung (§ 25 EnEV) kommt in Betracht, wenn die Umsetzung der EnEV im Einzelfall eine unbillige Härte bedeutet. Dies wird insbesondere dann angenommen, wenn die Aufwendungen sich nicht innerhalb der Nutzungsdauer amortisieren, wenn also die Umsetzung der EnEV unwirtschaftlich ist.

Im Einzelfall können weitere Sachverhalte eine unbillige Härte begründen. Es kommt hierbei auf die schlüssige Darlegung gegenüber der zuständigen Behörde an.

Beispiele für Sachverhalte, die eine Befreiung begründen:

- Die zusätzliche Wärmedämmung eines bereits gedämmten Daches bringt nur eine geringfügige Verbesserung des Wärmeschutzes. Der Aufwand wäre wirtschaftlich nicht vertretbar.
- EnEV-konformer Einbau einer provisorischen Heizung ist unverhältnismäßig teuer.
- Es fehlt das zur Umsetzung der EnEV erforderliche Geld.
- Der Bauherr hat ein hohes Alter und wird die Amortisation vermutlich nicht erleben.

Eine Befreiung tritt nicht automatisch ein, sondern ist vom Bauherrn explizit zu beantragen.

Wenn aus Gründen des Denkmalschutzes von der EnEV abgewichen werden soll, begründet dies keine Befreiung nach § 25 EnEV, sondern eine Ausnahme nach § 24 (*siehe Frage 35*).

§§ **Frage 34:**

Wie funktioniert der Antrag auf Befreiung von den Anforderungen der EnEV?

Antwort:

Der Bauherr muss bei der zuständigen Bauaufsichtsbehörde einen Antrag auf Befreiung stellen.

Welche Behörde zuständig ist, richtet sich nach dem Landesrecht. Es ist meistens die untere Bauaufsichtsbehörde (Kommunalebene), es kann aber auch die obere Bauaufsichtsbehörde (Landesebene, so etwa in Baden-Württemberg) sein.

In einigen Bundesländern ist der Antrag durch eine Bestätigung eines Sachverständigen oder des ausführenden Fachunternehmers zu ergänzen. Der Sachverständige bzw. der Fachunternehmer bestätigt darin, dass eine unbillige Härte vorliegt, und begründet dies ausreichend.

Entscheidend ist die schlüssige Begründung des Antrags. Die Bauaufsichtsbehörde dürfte bei plausibler Darlegung in aller Regel dem Antrag zustimmen. *Siehe auch Hinweise zum Nachweis fehlender Wirtschaftlichkeit in Frage 63.*

Obgleich Anträge auf Befreiung in der Praxis äußerst selten gestellt werden, sind sie der einzig sichere Weg aus der Haftung, sowohl hinsichtlich Bauordnungsrecht (Bußgeldverfahren) als auch hinsichtlich Zivilrecht (Schadensersatzforderungen).

Frage 35:

Darf bei Baudenkmälern die EnEV unberücksichtigt bleiben?

Antwort:

Ja, allerdings nur, wenn die Einhaltung der EnEV unter Wahrung des Denkmalschutzes nicht oder nur mit unverhältnismäßig hohem Aufwand möglich ist. Dann nämlich ist eine Ausnahme nach § 24 EnEV begründet. Die Ausnahme ist, ähnlich der Befreiung nach § 25 EnEV, bei der zuständigen Behörde zu beantragen. Wer zuständig ist, richtet sich nach Landesrecht – meist ist es die untere Bauaufsichtsbehörde, gelegentlich auch die untere Denkmalschutzbehörde.

Ein typisches Beispiel ist die Außenwand eines denkmalgeschützten Wohnhauses mit Sandsteingewänden, die neu verputzt werden muss und deren Konstruktion und äußere Erscheinung erhalten werden müssen. Ein neuer Außenputz würde die Pflicht zur Einhaltung der U-Wert-Anforderung an Außenwände begründen, es müsste also ein U-Wert von 0,24 $W/(m^2 \cdot K)$ erreicht werden. Der Einsatz eines Wärmedämmverbundsystems ist wegen des Denkmalschutzes nicht möglich. Eine Innendämmung nur zur Einhaltung der EnEV ist unverhältnismäßig aufwendig.

Bei geplanten Sanierungs-/Erhaltungsmaßnahmen an Baudenkmälern empfiehlt sich die frühzeitige Konsultation der zuständigen Denkmalbehörde.

§§ **Frage 36:**

Darf durch Wärmeschutzmaßnahmen nach EnEV das Baufenster überschritten werden (Grenzbebauung, Abstandsfläche, Bauhöhe)?

Antwort:

Die Einhaltung der EnEV rechtfertigt keine Verletzung der Eigentumsrechte. Bei vorliegender Grenzbebauung ist also etwa eine Wärmedämmung ausgeschlossen, die die Grenze überschreitet (es sei denn, der Nachbar stimmt der Grenzüberschreitung zu).

Eine geringfügige Reduzierung des Grenzabstandes oder eine geringfügige Überschreitung der zulässigen Gebäudehöhe (z.B. durch Aufsparrendämmung) kann von der unteren Baurechtsbehörde ausnahmsweise genehmigt werden. Allerdings bedarf es dazu eines Antrags.

Die Behörde könnte zunächst prüfen bzw. Auskunft darüber verlangen, ob die Ausnahmeregelung nicht evtl. durch anderweitige Anordnung der Wärmedämmung vermieden werden kann. Diese kommt indes nur infrage, wenn sie wirtschaftlich vertretbar ist.

Wenn eine Überschreitung des Baufensters nicht infrage kommt und wenn es keine wirtschaftliche, alternative Anordnung der Dämmschicht gibt, ist eine Befreiung nach § 25 EnEV zu beantragen.

§§

Frage 37:

Was ist zu tun, wenn ein Bauherr die Ausführung einer Bauteilsanierung entgegen der EnEV verlangt?

Antwort:

Vorab: Wenn es einen guten Grund für den Willen des Bauherrn gibt, dann sollte nach einer Möglichkeit zur Beantragung einer Befreiung nach § 25 EnEV gesucht werden (*siehe auch Frage 34*). Dies ist in vielen Fällen leichter, als man zunächst annehmen mag.

Keinesfalls sollte der Handwerker sich auf das Risiko einer wissentlich rechtswidrigen Ausführung einlassen. Eine solche liegt aber vor, wenn bei einer Bauteilsanierung die Anforderungen der EnEV wissentlich missachtet werden. *Siehe auch Frage 30.*

In der Praxis wird häufig versucht, etwaigen Haftungsrisiken mittels Bedenkenanmeldung (nach § 4 Nr. 3 im VOB-Vertrag, nach § 242 BGB im BGB-Vertrag) zu entgehen. Verwirft der Bauherr die Bedenken des Handwerkers, so führt der Handwerker die Sanierung nach Wunsch des Bauherrn entgegen der EnEV aus und glaubt sich aus der Haftung entlassen. Das mag für Ansprüche des Bauherrn gegen den Handwerker gelten, es gilt jedoch möglicherweise nicht für Ansprüche von Dritten, die als Mieter oder Käufer von der rechtskonformen Ausführung einer Bauteilsanierung ausgehen dürfen.

Angesichts dieser Überlegungen ist im Zweifelsfall die Ausführung entgegen der EnEV abzulehnen.

Frage 38:

In welchem Maße haftet der Aussteller eines Energieausweises für seine Ergebnisse und Modernisierungsempfehlungen?

Antwort:

Die Ausstellung eines Energieausweises samt den Modernisierungsempfehlungen ist eine werkvertragliche Leistung. Das bedeutet, dass nicht nur ein bloßer Dienst (3 Stunden Arbeit mit offenem Ergebnis), sondern ein Erfolg geschuldet wird – in diesem Fall ein Dokument, das den Vorschriften der EnEV entspricht und dabei insbesondere auch inhaltlich mangelfrei ist.

Die Haftung des Ausstellers wird also durch die Vorschriften des BGB bestimmt, insbesondere §§ 631 ff BGB.

Ein fehlerhafter und damit mangelhafter Ausweis ist somit vom Aussteller neu und fehlerfrei zu erstellen. Aus der Verwendung des mangelhaften Ausweises herrührende Schäden trägt der Aussteller dann, wenn der Schaden durch Vorsatz oder Fahrlässigkeit des Ausstellers verursacht wurde (wenn also der Ausweis absichtlich oder mangels der gebotenen Sorgfalt mangelhaft ist und dieser Mangel den Schaden bewirkt).

Daneben stellt die wissentlich falsche Ausstellung eines Energieausweises eine bußgeldbewehrte Ordnungswidrigkeit dar, *siehe hierzu Frage 30.*

Frage 39:

Gelten die Anforderungen der EnEV auch für Selbermacher?

Antwort:

Ja. Die Vorschriften der EnEV sind ohnehin in erster Linie an den Bauherrn adressiert. Wenn dieser also einschlägige Arbeiten an seinem Haus durchführt, hat er die EnEV einzuhalten.

Auch wenn ein Mieter einschlägige Arbeiten durchführt, ist die EnEV zu beachten. Dazu hat der Vermieter als Bauherr die entsprechenden Vorgaben zu machen.

In der Praxis ist davon auszugehen, dass die EnEV an dieser Stelle fast vollständig ins Leere läuft. Die Bauherren, zumindest die privaten, wissen meistens nicht, dass es bei der geplanten Maßnahme Vorgaben der EnEV zu beachten gilt.

Beispiel: Der Mieter ersetzt nach Rücksprache mit dem Vermieter die Holzbekleidung der Dachschräge durch eine tapezierte Gipskartonbekleidung. Diese Maßnahme am Dach ist einschlägig nach EnEV, es ist ein U-Wert von 0,24 $W/(m^2 \cdot K)$ einzuhalten.

§§

Frage 40:

Was muss der Bauherr, der ein Außenbauteil in Eigenleistung saniert oder von einem Unternehmer sanieren lässt, beachten bzw. veranlassen?

Antwort:

Er muss zunächst etwaige Vorschriften der EnEV beachten, insbesondere muss er die Bauteilanforderungen der EnEV einhalten.

Wenn er einen Unternehmer beauftragt, muss er die von diesem ausgestellte Unternehmererklärung (*siehe Frage 25*) mindesten 5 Jahre aufbewahren und auf Verlangen der Baurechtsbehörde vorlegen.

Was er darüber hinaus tun muss, ist in den Bundesländern unterschiedlich geregelt. Es ist denkbar, dass der Bauherr sich nach Abschluss der Arbeiten von einem Sachverständigen (z.B. Architekt, Bauingenieur, Nachweisberechtigter für Wärmeschutz, Energieberater; je nach Landesrecht) eine schriftliche Bestätigung über die EnEV-konforme Ausführung ausstellen lassen muss. Diese Bestätigung hat der Bauherr aufzubewahren und der Baurechtsbehörde auf Verlangen vorzulegen.

Zum Zeitpunkt der Drucklegung war noch nicht absehbar, wie die Länder diese Frage regeln. Der geneigte Leser sei deshalb auf die Internetseite zum Buch verwiesen, auf der die derzeit gültigen Ländervorschriften zur EnEV zu finden sind *(siehe Seite 6)*.

2.3 EnEV-Nachweis und Grundsätze

Frage 41:

Gibt es einen Unterschied zwischen „Nutzfläche" und „Gebäudenutzfläche"?

Antwort:

Ja. Die Nutzfläche eines Gebäudes ist nach DIN 277 zu bestimmen (*siehe Diagramm 2.1 auf der nächsten Seite*). Die Gebäudenutzfläche A_N (für Wohngebäude) ist im Gegensatz dazu nach EnEV über das beheizte Volumen V_e zu ermitteln, i.d.R. nach der Formel:

$$A_N = 0{,}32 \cdot V_e$$

Die EnEV verwendet die Nutzfläche nach DIN 277 zur Einstufung der Gebäude bzw. Gebäudeerweiterungen. Die Gebäudenutzfläche dient bei Wohngebäuden als Bezugsfläche für die Hauptanforderung der EnEV, also für den Primärenergiebedarf.

Anmerkung: Bei Nichtwohngebäuden wird die Nettogrundfläche nach DIN 277 als Bezugsgröße für den Primärenergiebedarf verwendet.

> **Jedes Gebäude hat eine Nutzfläche. Die EnEV bezieht den Energiebedarf bei Wohngebäuden auf die Gebäudenutzfläche, bei Nichtwohngebäuden auf die Nettogrundfläche.**

Diagramm 2.1: Flächenermittlung nach DIN 277

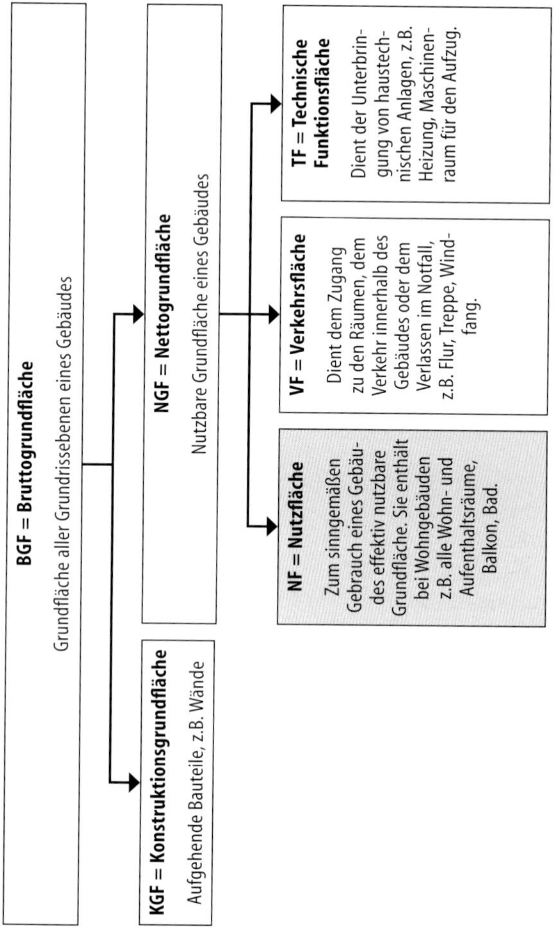

Frage 42:

Was ist bei der Anwendung der Normen zu beachten, auf die die EnEV verweist?

Antwort:

Die EnEV enthält statische Normverweise. Im Klartext: Die EnEV verweist stets auf ein bestimmtes Ausgabedatum einer Norm. Wenn die Norm also zwischenzeitlich geändert/korrigiert oder gar zurückgezogen wurde, gilt für den EnEV-Nachweis dennoch die alte, in Bezug genommene Ausgabe.

Das gilt auch in der weiteren Folge: Wenn eine statisch in Bezug genommene Norm einen undatierten, also dynamischen Verweis auf eine andere Norm enthält, ist im Sinne der EnEV stets die Fassung der anderen Norm maßgebend, die zum Zeitpunkt des Inkrafttretens der EnEV gültig war.

Das führt in der Baupraxis zu einem Problem: Es müssen gelegentlich 2 Fassungen einer Norm gleichzeitig beachtet werden: Gebaut wird nach aktueller Ausgabe, damit die Leistung den Regeln der Technik entspricht, gerechnet wird aber nach der in der EnEV genannten Ausgabe, damit bauordnungsrechtlich kein rechtswidriger Zustand entsteht.

Frage 43:

Wie sind gemischt genutzte Gebäude zu behandeln?

Antwort:

Wohngebäude: Teile eines Wohngebäudes sind getrennt als Nichtwohngebäude zu behandeln, wenn alle 3 folgenden Bedingungen zutreffen:

- Die Nichtwohnnutzung macht einen erheblichen Teil (mehr als ca. 10 % der Gebäudenutzfläche) aus.
- Die Nichtwohnnutzung weicht erheblich von der Wohnnutzung ab. (Einzelbüros weichen nicht erheblich ab, Großraumbüros dagegen schon.)
- Die Gebäudetechnik weicht erheblich von derjenigen im Bereich der Wohnnutzung ab.

Nichtwohngebäude: Teile eines Nichtwohngebäudes sind getrennt als Wohngebäude zu behandeln, wenn folgende Bedingung zutrifft:

- Die Wohnnutzung macht einen erheblichen Teil (mehr als ca. 10 % der Gebäudenutzfläche) aus.

Sollte also eine Trennung erforderlich sein, sind Wohnteil und Nichtwohnteil wie eigenständige Gebäude getrennt zu berechnen. Wenn Energieausweise ausgestellt werden sollen, erhalten beide einen eigenen Energieausweis.

Verschiedene Nichtwohnnutzungen in einem Gebäude führen nicht zur Trennung. DIN V 18599 erlaubt verschiedene Nutzungen in einem Gebäude.

Frage 44:

Darf das Büro eines Freiberuflers in einem Wohngebäude der Wohnnutzung zugeordnet werden?

Antwort:

Ja. Die Büro-/Geschäftsräume eines Freiberuflers unterscheiden sich üblicherweise hinsichtlich ihrer Nutzung nicht wesentlich von Wohnräumen. Insofern ist eine Trennung nicht angezeigt; das Gebäude kann insgesamt als Wohngebäude behandelt werden (*siehe auch Frage 45*).

Frage 45:

Ab welchem Flächenanteil erfordert eine gemischte Nutzung eine Aufteilung in Wohn- und Nichtwohngebäude?

Antwort:

Eine Aufteilung ist angezeigt, wenn die abweichende Nutzung einen erheblichen Flächenanteil ausmacht. Erheblich heißt laut Begründung zur EnEV: ab ca. 10 %, allerdings mit dem Hinweis, dass diese Grenze im Sinne der planerischen Freiheit nicht streng wörtlich zu nehmen ist. Wenn sachlich begründbar, kann also auch eine abweichende Nutzung von 15 % im Einzelfall noch als unerheblich aufgefasst werden.

Es sind weitere Bedingungen für eine Aufteilung zu beachten (*siehe hierzu Frage 43*).

Frage 46:

Ist Ökostrom primärenergetisch günstiger ansetzbar als Strommix?

Antwort:

Nein. DIN V 4701-10 sieht vor, dass Strom als Endenergieträger mit einen Primärenergiefaktor von 2,7 (bezogen auf den nicht erneuerbaren Anteil) zu bewerten ist. Der Gesamtprimärenergiefaktor beträgt 3,0; es wird also mit dem Faktor von 2,7 bereits ein regenerativer Anteil von rund 10 % berücksichtigt.

Wenn demnach ein Gebäude etwa mittels Elektrospeicher- oder Elektrodirektheizung beheizt wird und die dafür erforderliche Menge an Strom als Strom aus erneuerbarer Quelle (Ökostrom) vom Energieverorger bezogen wird, muss im öffentlich-rechtlichen Nachweis nach EnEV trotzdem der Primärenergiefaktor von 2,7 berücksichtigt werden.

> **Selbst oder in unmittelbarer Nähe erzeugter Strom aus erneuerbaren Energien kann jedoch unter bestimmten Voraussetzungen angerechnet werden, *siehe Frage 74.***

Frage 47:

Werden Dämmstoffe aus nachwachsenden Rohstoffen primärenergetisch bevorzugt?

Antwort:

Nein. Die EnEV unterscheidet Dämmstoffe nicht hinsichtlich ihrer Energiebilanz, Ökobilanz oder Umweltverträglichkeit.

Frage 48:

Hydraulischer Abgleich: Was ist das und wann ist er erforderlich?

Antwort:

Der hydraulische Abgleich dient der Feinabstimmung der Heizungsanlage. Er stellt sicher, dass jeder Heizkörper (oder Heizkreis) genau mit der Wärmemenge versorgt wird, die im jeweiligen Raum für das Erreichen der gewünschten Raumtemperatur benötigt wird.

Eigentlich gehört der hydraulische Abgleich zur fachgerechten Herstellung einer Heizungsanlage mit Wasser als Wärmeträger (siehe hierzu DIN 18380 VOB/C). Er wird jedoch häufig nicht durchgeführt.

Die EnEV fordert den hydraulischen Abgleich nicht explizit. Sie geht vielmehr davon aus, dass neue Heizungsanlagen (Neubau wie Altbau) selbstverständlich hydraulisch abgeglichen werden.

Eine ausdrückliche Forderung findet sich z.B. in den Förderbedingungen der KfW-Förderbank. Voraussetzung für die Gewährung bestimmter Fördermittel ist es nämlich, dass bei Einbau einer neuen Heizung der hydraulische Abgleich durchgeführt wird.

> **Der hydraulische Abgleich dient der Optimierung und Qualitätssicherung und sollte schon im Interesse des Bauherrn bei neuen Heizungen immer durchgeführt werden. Auch bei bestehenden Heizungsanlagen kann der Abgleich sinnvoll sein, um die Anlage zu optimieren oder Fehler zu finden.**

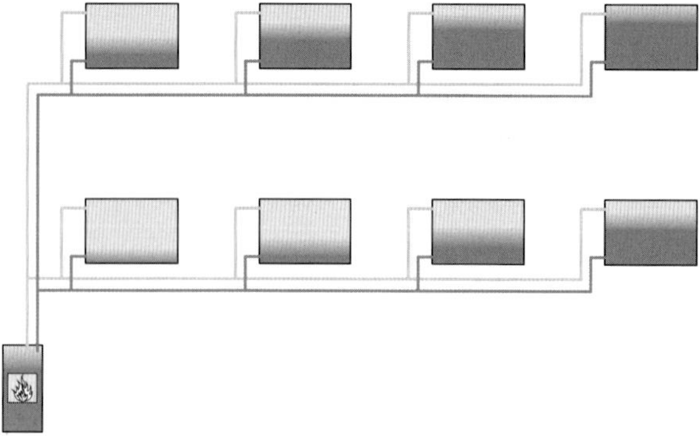

Abb. 2.2: Anlage nicht hydraulisch abgeglichen. Ungleichmäßige Wärmeverteilung.

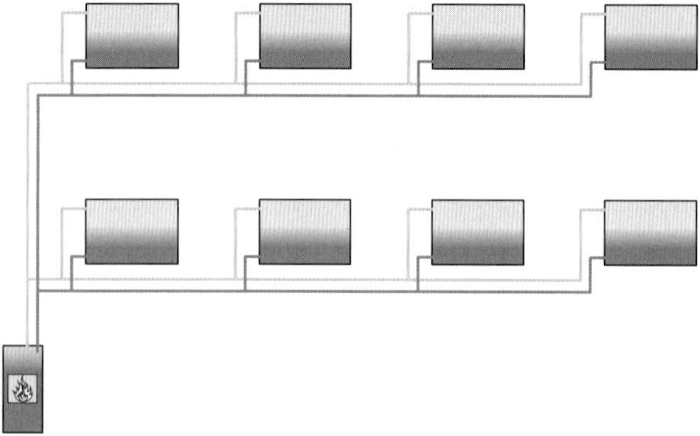

Abb. 2.3: Anlage hydraulisch abgeglichen. Gleichmäßige Wärmeverteilung.

Frage 49:

Welche Maße gelten bei der Festlegung des beheizten Gebäudevolumens? Was gilt insbesondere am unteren Gebäudeabschluss?

Antwort:

Für das Gebäude (bzw. den zu betrachtenden Gebäudeteil) werden die Bauteilflächen bestimmt, die eine abgeschlossene beheizte Zone umfassen. Maßgeblich ist der Fall „Außenabmessungen" nach DIN EN ISO 13789 (leider mit inkonsistenter Annahme der Außenabmessung am unteren Gebäudeabschluss, siehe unten). Es geht dabei um die „wärmeübertragende Umfassungsfläche", also die gedämmte Hülle. In dieser Hülle können auch Räume oder Raumteile liegen, die nicht bestimmungsgemäß beheizt werden (beispielsweise der Raum hinter dem Kniestock eines Daches, wenn die Wärmedämmung in der Dachebene durchläuft und den Raum des Kniestocks einschließt).

Vorgehensweise: Man ermittle für die betreffenden Bauteile jeweils die von innen gesehen letzte Schicht, die in der U-Wert-Berechnung rechnerisch berücksichtigt wird. Dies ist dann die Grenzebene. Man bilde die wärmeübertragende Umfassungsfläche aus der Verschneidung der Grenzebenen der betreffenden Bauteile. (Die Verschneidungskanten begrenzen die Bauteilflächen; sie müssen dabei nicht mit tatsächlichen Bauteilkanten identisch sein.) So ergeben sich für die Bauteile charakteristische Flächen. Versprünge der Grenzebenen im Bereich von Fenstern bleiben unberücksichtigt, außerdem

Bauteilauskragungen (z.B. Streifenfundament, Balkonkragplatte, Attika).

Ausnahme: Unterer Gebäudeabschluss. Hier führt der richtige Weg nicht über den oben beschriebenen Weg (letzte rechnerische berücksichtigte Bauteilschicht), obwohl dies fachlich logisch und konsequent wäre. Stattdessen gilt hier die Definition entweder nach DIN V 18599 oder nach DIN 4108 Beiblatt 2, welches die Ausführung von Wärmebrückendetails regelt (*siehe auch Frage 61*). Leider widersprechen sich beide Ansätze.

DIN V 18599: Die Grenzebene verläuft abhängig von der Lage der untersten, das beheizte Volumen abschließenden Decke/Bodenplatte („unterste warme Platte") im Bezug auf das umgebende Erdbodenniveau.

- Platte über Erdgleiche (nicht unterkellertes Gebäude, unbeheiztes Kellergeschoss): Maßgebend ist die Oberkante Rohdecke/Bodenplatte, unabhängig von der Lage der ggf. vorhandenen Dämmschichten. Die Außenwand wird nicht in außenluft- und erdberührt geteilt, sondern verläuft als außenluftberührte Wand bis Oberkante Rohdecke/Bodenplatte.
- Platte unter Erdgleiche (beheiztes Kellergeschoss): Maßgebend ist die letzte rechnerische berücksichtigte Bauteilschicht als Grenze zwischen Baukörper und dem darunter liegenden Erdboden. Die Außenwand wird in außenluft- und erdberührt geteilt, jeweils begrenzt durch das äußere Erdbodenniveau.

DIN 4108 Beiblatt 2: Die Grenzebene verläuft abhängig von der Lage der untersten, das beheizte Volumen abschließenden Decke/Bodenplatte („unterste warme Platte") im Bezug auf das umgebende Erdbodenniveau. Die Einbindetiefe der Wand ins

Erdreich wird zwischen Oberkante Bodenplatte und Oberkante umgebendes Erdbodenniveau gemessen. Es gilt:

- Keine Einbindung bzw. Einbindetiefe bis maximal 1 m: Maßgebend ist die Oberkante Rohdecke/Bodenplatte, unabhängig von der Lage der ggf. vorhandenen Dämmschichten (nicht unterkellertes Gebäude, unbeheiztes Kellergeschoss). Die Außenwand wird nicht in außenluft- und erdberührt geteilt, sondern verläuft als außenluftberührte Wand bis Oberkante Rohdecke/Bodenplatte.
- Einbindetiefe mehr als 1 m: Bei Innendämmung ist die Unterkante der Bodenplatte maßgebend, bei Außendämmung ist die Unterkante der Außendämmung maßgebend.

Die Summe der in den Grenzebenen liegenden Flächen ist die wärmeübertragende Umfassungsfläche *A*. Das davon eingeschlossene Volumen ist das beheizte Volumen V_e (*siehe auch Abb. 2.4 auf Seite 86 und Abb. 2.5 auf Seite 87*).

Anmerkung: In der Fachwelt herrscht nicht ohne Grund Unzufriedenheit darüber, dass für den Verlauf der thermischen Hülle am unteren Gebäudeabschluss keine einheitliche, nachvollziehbare Festlegung existiert.

Bei der energetischen Bewertung von Gebäuden mittels Software ist diejenige Definition des Hüllenverlaufs maßgebend, welche in der Software angenommen wird (soweit die Software dafür eine Festlegung enthält).

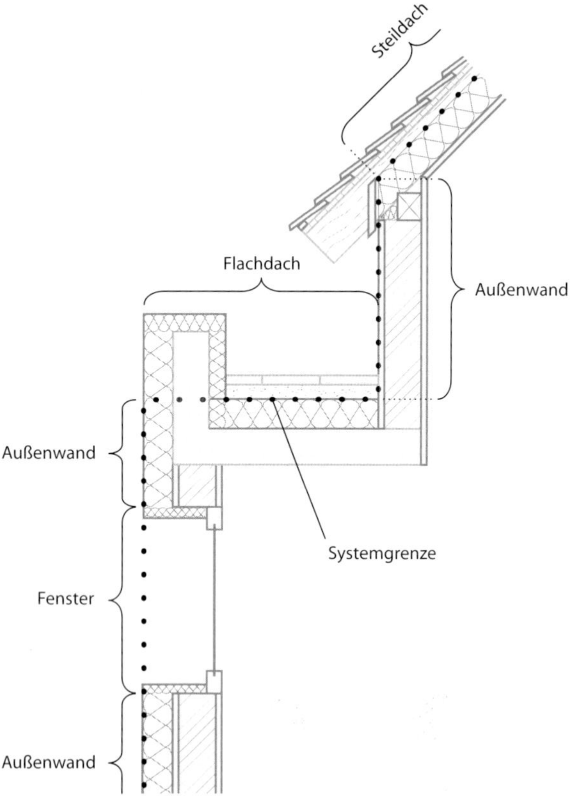

Abb. 2.4: Verlauf der Systemgrenze am Beispiel von Dach und Wand

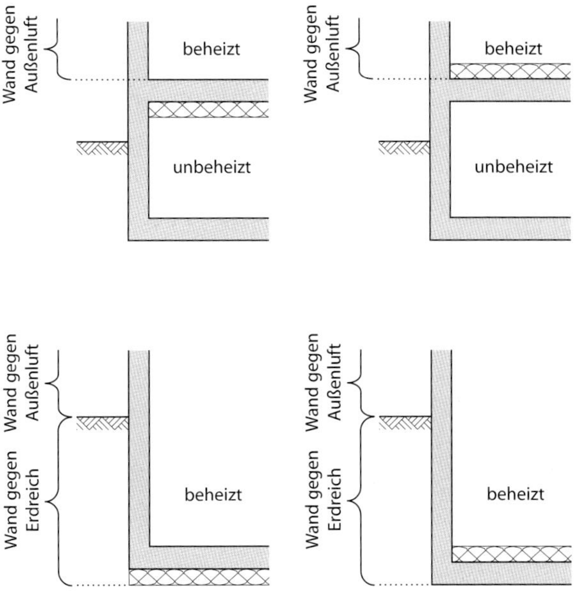

Abb. 2.5: Systemgrenze am unteren Gebäudeabschluss aus Sicht der DIN V 18599

Frage 50:

Kann ein unbeheizter Spitzboden in das beheizte Gebäudevolumen aufgenommen werden?

Antwort:

Wenn die thermische (gedämmte) Hülle den Spitzboden ausgrenzt: nein.

Wenn die thermische Hülle den Spitzboden einschließt: ja, und zwar zwingend. Denn in diesem Fall wird der Spitzboden indirekt beheizt, ist also im strengeren Sinne nicht unbeheizt.

Diese Regel gilt nicht nur für Spitzböden, sondern für alle indirekt beheizten Räume innerhalb der thermischen Hülle.

Ob es energetisch oder konstruktiv sinnvoll ist, ungenutzte Räume in die thermische Hülle aufzunehmen, muss im Einzelfall entschieden werden.

Gelegentlich lässt sich auf diese Weise die wärmeübertragende Fläche verringern, was sich in aller Regel günstig auf die Transmissionswärmeverluste auswirkt. Beispiel: Der Dachraum hinter einer Abseitenwand wird einbezogen, indem die Dachschräge statt des Bodens und der Abseitenwand gedämmt wird.

> **Indirekt beheizte Räume, die nicht im ausreichenden Raumluftverbund mit beheizten Räumen stehen, können hinsichtlich der Tauwasserbildung kritisch sein. Dies gilt umso mehr, je größer die Temperaturunterschiede zwischen direkt und indirekt beheiztem Raum sind.**

Siehe auch Abb. 2.6 auf der folgenden Seite.

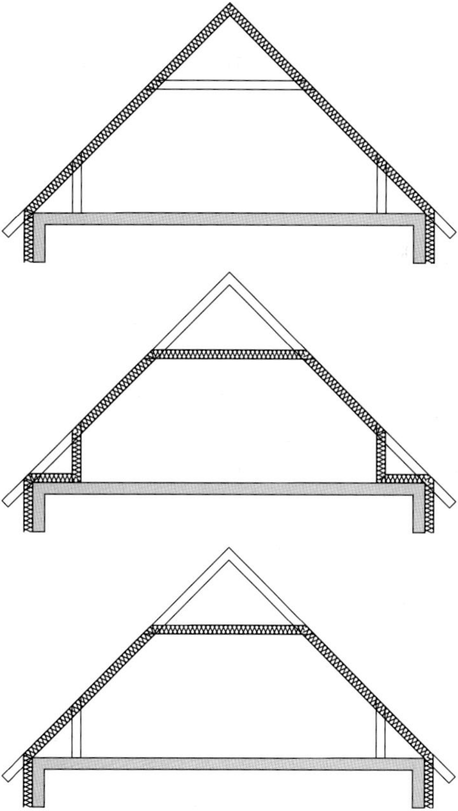

Abb. 2.6: Die Anordnung der Wärmedämmung bestimmt den Verlauf der thermischen Hülle.

Frage 51:

Welche Maße gelten für Fenster/Dachfenster?

Antwort:

Für Fenster gilt bei der Bestimmung der Fensterfläche das lichte Rohbaumaß, also i.d.R. die Fensteröffnung im Mauerwerk, gemessen an den unverputzten/unbekleideten Laibungen.

Bei zweischaligem Mauerwerk oder Mauerwerk mit Anschlag kann es verschiedene Rohbauöffnungen geben. Maßgeblich ist dann die Rohbauöffnung, in der das Fenster eingebaut wird, bei Mauerwerk mit Anschlag also die größere Öffnung.

Anders ausgedrückt: Es gelten stets die Blendrahmenaußenmaße zuzüglich Einbaufuge.

Bei Dachfenstern gibt es üblicherweise keine klassische Einbaufuge. Deshalb sind hier die Blendrahmenaußenmaße anzusetzen.

Folgerichtig wird der U-Wert eines Fensters auf die gleiche Fläche bezogen. Ansonsten wäre die Berechnung des Transmissionswärmeverlusts durch ein Fenster nicht konsistent.

Siehe auch Abb. 2.7 bis 2.10 auf der folgenden Seite.

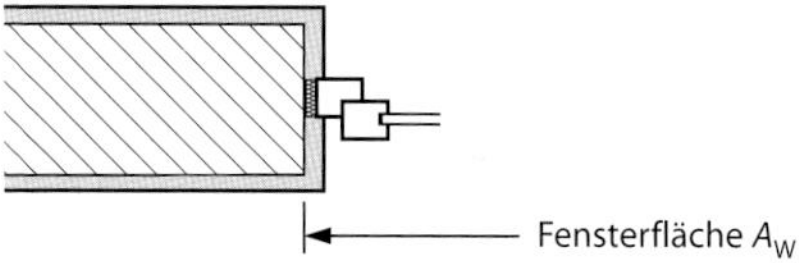

Abb. 2.7: Fensterfläche bei üblichem Mauerwerk

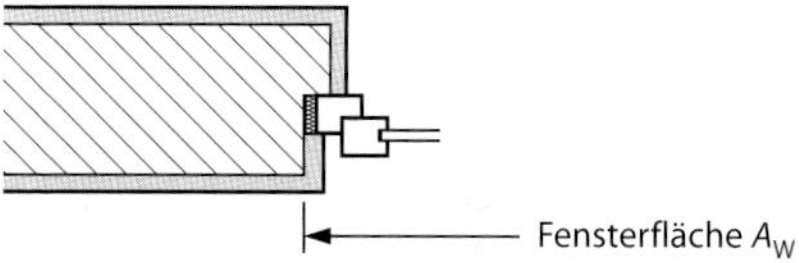

Abb. 2.8: Fensterfläche bei Mauerwerk mit Anschlag

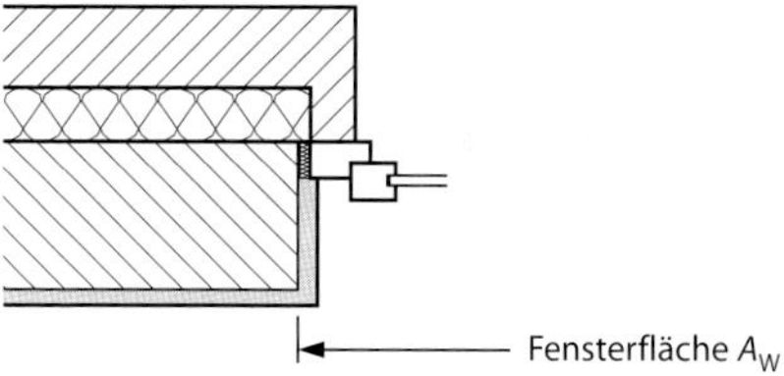

Abb. 2.9: Fensterfläche bei zweischaligem Mauerwerk

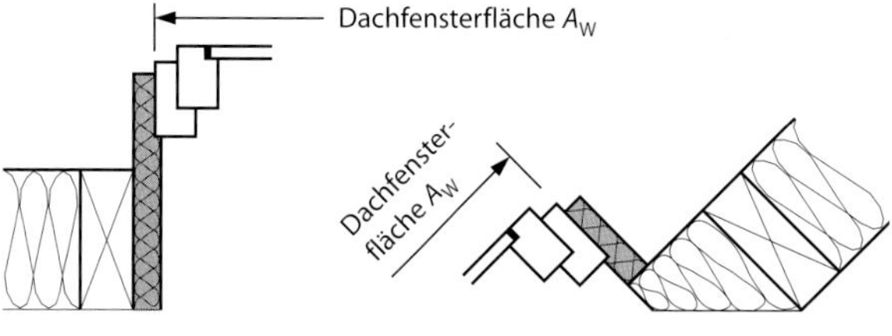

Abb. 2.10: Fensterfläche bei Dachfenstern

Frage 52:

Bei einer Sanierung des Daches mittels Aufsparrendämmung oder einer Außenwand mittels Wärmedämmverbundsystem vergrößert sich das beheizte Volumen. Muss dies nach EnEV berücksichtigt werden?

Antwort:

Theoretisch ja, praktisch nicht immer.

Durch die Verschiebung der Bauteilgrenzen vergrößert sich nicht nur das beheizte Volumen, sondern es verändern sich auch die Bauteilflächen. Die Vergrößerung des beheizten Volumens bewirkt bei Wohngebäuden auch eine Vergrößerung der Gebäudenutzfläche A_N, die aus dem beheizten Volumen V_e abgeleitet wird: $A_N = 0{,}32 \cdot V_e$ (Formel gilt bei normalen Brutto-Geschosshöhen von 2,50 bis 3,00 m. *Siehe auch Frage 53.*)

Wenn man dies konsequent beachtet, ist also das sanierte Gebäude ein volumen- und flächenmäßig anderes Gebäude als das unsanierte, obwohl sich im Innern des Gebäudes geometrisch nichts verändert. Das sanierte Gebäude ist nur eingeschränkt mit dem unsanierten vergleichbar.

Aus diesem Grunde wird in der Praxis häufig folgendermaßen verfahren: Wenn das Gebäude im unsanierten Zustand geometrisch erfasst ist (z.B. im Rahmen einer Energieberatung), werden die geometrischen Daten für den sanierten Zustand unverändert übernommen. Wenn keine geometrische Erfassung des unsanierten Zustands vorliegt, wird die Geometrie des sanierten Gebäudes erfasst, wenn dies mit vertretbarem Aufwand möglich ist.

Frage 53:

Müssen extreme Deckenhöhen bei Wohngebäuden berücksichtigt werden?

Antwort:

Ja, und zwar bei neuen und bei Bestandsgebäuden, für die die Gebäudenutzfläche berechnet wird (im EnEV-Nachweis bzw. für den Energieausweis).

Wenn die durchschnittliche Bruttogeschosshöhe (Deckenoberkante bis Deckenoberkante des nächsten Geschosses) weniger als 2,50 oder mehr als 3,00 m beträgt, wird die Gebäudenutzfläche nicht nach der üblichen Formel ($A_N = 0{,}32 \cdot V_e$) berechnet, sondern nach folgender Formel:

$$A_N = \left(\frac{1}{h_G} - 0{,}04 \right) \cdot V_e$$

Die durchschnittliche Geschosshöhe ist die flächenanteilig (z.B. über die Nettogrundfläche) gemittelte Geschosshöhe.

Beispiel: Ein Gebäude verfügt über eine Geschosshöhe von 2,80 m über 30 % der Fläche und von 3,20 m über 70 % der Fläche. Das beheizte Volumen V_e beläuft sich dann auf 1.135 m³.

Die durchschnittliche Geschosshöhe h_G beträgt:

$$h_G = 0{,}3 \cdot 2{,}80 + 0{,}7 \cdot 3{,}20$$
$$= 3{,}08 \text{ m}$$

Die Gebäudenutzfläche A_N ist also:

$$A_N = \left(\frac{1}{h_G} - 0{,}04 \right) \cdot V_e$$

$$= \left(\frac{1}{3{,}08} - 0{,}04 \right) \cdot 1.135$$

$$= 323{,}11 \text{ m}^2$$

Frage 54:

Erlaubt der berechnete Endenergiebedarf im EnEV-Nachweis eine Voraussage der tatsächlichen Heizkosten?

Antwort:

Nein. Zum einen ist das konkrete Nutzerverhalten nicht erfasst. Zum anderen enthält die Bedarfsberechnung zugunsten der Vergleichbarkeit unterschiedlicher Gebäude an unterschiedlichen Standorten gewisse Standardannahmen, darunter:

- mittleres deutsches Klima,
- vordefinierte Raumtemperatur und Luftwechselrate,
- Warmwasserbedarf nutzflächen- statt personenbezogen.

Eine vertretbare Verbrauchsprognose ist möglich, wenn alle Einflüsse möglichst zutreffend berücksichtigt werden. Im Idealfall liegen Verbrauchsdaten aus der Vergangenheit vor, die einen Abgleich des berechneten Bedarfs mit dem realen Verbrauch ermöglichen. Letzteres ist der übliche Weg in der Software-gestützten Energieberatung.

Bei der Angabe von Bedarfsdaten sollte im Sinne der Haftungsbegrenzung stets der Hinweis erfolgen, dass daraus kein Verbrauch abzuleiten ist.

Frage 55:

Wird die Luftdichtheitsprüfung (Blower-Door-Test) in der EnEV gefordert oder berücksichtigt?

Antwort:

Die Prüfung der Luftdichtheit wird von der EnEV nicht gefordert. Wenn sie dennoch durchgeführt wird, erfolgt dies nach DIN EN 13829 bei 50 Pa Druckdifferenz zwischen Raum- und Außenluft. Als Grenzwerte der Luftwechselrate gelten die gleichen Grenzwerte, die in DIN 4108-7 genannt sind:

- 3,0 h^{-1} bei Gebäuden ohne Lüftungsanlage (z.B. mit Fenster- oder Schachtlüftung),
- 1,5 h^{-1} bei Gebäuden mit Lüftungsanlage.

Wenn die Luftdichtheit des Gebäudes geprüft wurde, wird dies bei der Annahme des Luftwechsels zur Berechnung der Lüftungswärmeverluste als Bonus berücksichtigt. Die Lüftungswärmeverluste werden dadurch bei Wohngebäuden um rund 14 % geringer angesetzt. Dies ermöglicht Einsparungen an anderer Stelle.

Die Dichtheitsprüfung wird beim Referenzgebäude (sowohl Wohn- als auch Nichtwohngebäude, *siehe Frage 65*) als Standard angenommen.

Die Prüfung der Luftdichtheit sollte bei jedem Neubau und bei jeder größeren Sanierung der Außenhülle von Bestandsgebäuden im Sinne einer konsequenten Qualitätssicherung durchgeführt werden.

Frage 56:

Nach welchem Verfahren (A oder B) der DIN EN 13829 wird die Luftdichtheit eines Gebäudes gemessen?

Antwort:

Die Messung erfolgt als Abnahmemessung nach Verfahren A gemäß DIN EN 13829, also als Messung im Nutzungszustand.

Die Feststellung der für den EnEV-Nachweis relevanten energetischen Eigenschaften muss sich auf das Gebäude im Nutzungszustand, also auf das fertige Gebäude, beziehen, weil die Lüftungswärmeverluste beim Betrieb des Gebäudes im Nutzungszustand entstehen (und nicht im Bauzustand). Deshalb beziehen sich auch die in DIN 4108-7 genannten Grenzwerte für den Luftwechsel bei 50 Pa Druckdifferenz auf den Nutzungszustand; die überprüfende Messung hat ausdrücklich nach Verfahren A zu erfolgen.

Ein entsprechender Hinweis findet sich auch in DIN V 18599-2:2007-02 als Erläuterung zu Gebäuden der Dichtheitskategorie I (Einhaltung der Grenzwerte der DIN 4108-7): Es ist das Gebäude nach Fertigstellung zu prüfen.

Diese Auslegung steht im Widerspruch zur offiziellen Auslegung durch die Fachkommission „Bautechnik“ der Bauministerkonferenz (9. Auslegungsstaffel zur EnEV 2007). Der Autor vertritt sie aus den genannten Gründen dennoch.

Frage 57:

Muss der sommerliche Wärmeschutz in jedem Falle nachgewiesen werden?

Antwort:

Ja, bei allen neuen Gebäuden. Die in der EnEV 2004 zu findende Regelung, wonach der Nachweis nur bei Gebäuden mit mehr als 30 % Fensteranteil zu führen ist, wurde bereits in der EnEV 2007 gestrichen.

Der Nachweis der Begrenzung der Sonneneintragskennwerte erfolgt nach DIN 4108-2. Die Norm wiederum nimmt bestimmte Gebäude von der Pflicht zum rechnerischen Nachweis aus: Ein- und Zweifamilienhäuser, deren Fenster in Ost-, Süd- und Westorientierung mit außen liegenden Sonnenschutzvorrichtungen, z.B. in Form von Jalousien, Roll- oder Fensterläden, ausgestattet sind.

Frage 58:

Muss jedes Klimagerät beim EnEV-Nachweis berücksichtigt werden?

Antwort:

Alle planmäßig zu betreibenden Klimageräte sind im EnEV-Nachweis zu berücksichtigen, auch wenn es sich etwa um Kompaktgeräte handelt oder wenn nur ein Teil des Wohngebäudes gekühlt wird.

Wenn indes ein Kompaktgerät für den seltenen Extremfall (vgl. Sommer 2003) vorgehalten wird, ohne dass ein alljährlicher Einsatz vorherbestimmt ist, kann dies vernachlässigt werden.

Frage 59:

Wie werden Wintergärten in der EnEV berücksichtigt?

Antwort:

Zu unterscheiden ist zunächst zwischen beheizten und unbeheizten Wintergärten.

Beheizte Wintergärten gehören zum beheizten Gebäudevolumen. Sie werden wie jeder andere beheizte Raum behandelt. Aufgrund der bei Verglasungen vergleichsweise hohen U-Werte sind sie i.d.R. energetisch ungünstig.

Unbeheizte Wintergärten gehören nicht zum beheizten Gebäudevolumen, können sich aber als Solarenergiesammler günstig auf den Energiebedarf des Gebäudes auswirken.

Frage 60:

Gibt es in der EnEV 2009 kein vereinfachtes, manuell durchführbares Nachweisverfahren (Heizperiodenbilanzverfahren) mehr für die Bilanzierung von Wohngebäuden?

Antwort:

Nein, weder für neue, noch für bestehende Gebäude.

Auch in der Software-gestützten Bilanzierung ist die Heizperiodenbilanz nicht mehr zulässig – das Monatsbilanzverfahren ist zwingend vorgeschrieben (entweder nach DIN V 18599 oder DIN V 4108-6 i.V.m. DIN V 4701-10). *Siehe auch Frage 66.*

Frage 61:

Welche Wärmebrückenausführungen sind gleichwertig mit DIN 4108 Beiblatt 2?

Antwort:

Die EnEV erlaubt die Berücksichtigung von Wärmebrücken mittels pauschaler Wärmebrückenzuschläge auf den Transmissionswärmeverlust, wenn kein detaillierter Nachweis der Wärmebrücken erfolgt.

Allgemein gilt ein Wärmebrückenzuschlag $\Delta U_{WB} = 0{,}10$ W/(m² · K). Wenn die Ausführung der Wärmebrücken den Planungsbeispielen in DIN 4108 Beiblatt 2 entspricht oder gleichwertig ist, darf der Zuschlag auf 0,05 W/(m² · K) reduziert werden.

Gleichwertig ist eine Konstruktion,

- wenn sie dem Konstruktionsprinzip einer Ausführung im Beiblatt eindeutig entspricht und gleichwertige Bauteileigenschaften (Wärmedurchlasswiderstand der konstruktiven Dämmung der Wärmebrücke und der angrenzenden Bauteile) vorliegen, oder
- wenn die Gleichwertigkeit anhand des längenbezogenen Wärmedurchgangskoeffizienten ψ rechnerisch mittels eines Wärmebrücken-Berechnungsprogramms nachgewiesen wird, oder
- wenn die Gleichwertigkeit anhand des längenbezogenen Wärmedurchlasskoeffizienten ψ über Wärmebrückenkataloge, Herstellernachweise oder Publikationen nachgewiesen wird.

DIN 4108 Beiblatt 2 begrenzt für die angrenzenden Bauteile (z.B. für das Flachdach und für die Außenwand an der Wärmebrücke „Attika“) den Wärmedurchlasswiderstand nicht nur nach unten, sondern auch nach oben. Dies ist auch fachlich korrekt, da bei deutlich verbessertem Wärmeschutz der angrenzenden Bauteile und unveränderter konstruktiver Dämmung der Wärmebrücke der längenbezogene Wärmedurchgangskoeffizient ψ ansteigt, sprich: die Wärmebrücke hat mit zunehmend gedämmten angrenzenden Bauteilen zunehmend höhere Wärmeverluste.

Das Dilemma in der Praxis besteht nun darin, dass nach EnEV immer größere Dämmschichtdicken erforderlich sind und dass DIN 4108 Beiblatt 2 dem hinterherhinkt. Somit wäre sehr häufig der Gleichwertigkeitsnachweis erforderlich. Zur Entlastung der Nachweispraxis enthält die EnEV deshalb in § 7 den Hinweis, dass eine Überschreitung des Wärmedurchlasswiderstands der angrenzenden Bauteile keine (fachlich eigentlich gebotene) Pflicht zum Gleichwertigkeitsnachweis begründet.

Wenn für alle Wärmebrücken des Gebäudes detaillierte ψ-Werte vorliegen, führt der detaillierte Wärmebrückennachweis häufig zu günstigeren Ergebnissen.

Wenn der EnEV-Nachweis bei bestehenden Gebäuden in Verbindung mit der Beantragung von Fördermitteln (KfW-Förderbank) geführt wird, ist bei Ansetzen des günstigen Wärmebrückenzuschlags von 0,05 Vorsicht geboten: Es kann vom Fördermittelgeber ein Nachweis der Einhaltung bzw. der Gleichwertigkeit zu Beiblatt 2 der DIN 4108 gefordert werden.

Frage 62:

Darf im EnEV-Nachweis für Wohngebäude ein anderer Wert für den Warmwasser-Nutzenergiebedarf als 12,5 kWh/($m^2 \cdot a$) angesetzt werden?

Antwort:

Das hängt vom gewählten Nachweisverfahren ab.

Wenn nach DIN 4108-6 i.V.m. DIN V 4701-10 (das bis zur EnEV 2007 übliche Verfahren) gerechnet wird, sieht die EnEV im Nachweis für Wohngebäude zwingend vor, dass pro m^2 Gebäudenutzfläche ein Warmwasser-Nutzenergiebedarf von 12,5 kWh pro Jahr angesetzt wird.

Wenn nach DIN V 18599 gerechnet wird, muss der Warmwasser-Nutzenergiebedarf DIN V 18599-10, Tabelle 3 entnommen werden. Diese Tabelle sieht für Einfamilienhäuser 12 und für Mehrfamilienhäuser 16 kWh/($m^2 \cdot a$) vor, allerdings bezogen auf die beheizte Wohnfläche.

Dies zeigt übrigens, dass die beiden Nachweisverfahren i.d.R. zu unterschiedlichen Ergebnissen führen müssen.

In einer Energieberatung ist die Abschätzung des Warmwasser-Nutzenergiebedarfs über die Fläche kaum vertretbar, da sie zu ungenau ist. Hier sollte möglichst über die Bewohnerzahl gerechnet werden (wenn nicht über vorliegende Verbrauchsdaten noch genauere Annahmen möglich sind).

Frage 63:

Wie kann fehlende Wirtschaftlichkeit belegt werden? Umgekehrt gefragt: Wie ist Wirtschaftlichkeit in der EnEV definiert?

Antwort:

Wirtschaftlich im Sinne der EnEV ist eine Maßnahme, wenn der dafür erforderliche Aufwand sich in der zu erwartenden Nutzungsdauer bezahlt macht, und zwar in Form eingesparter Energiekosten. Bei bestehenden Gebäuden ist die Restnutzungsdauer zu beachten. Es kommt nicht darauf an, wer von der Einsparung unmittelbar profitiert (Eigentümer, Mieter).

In einem Befreiungsantrag (*siehe Frage 34*) muss der Befreiungsgrund nachgewiesen werden, sofern dieser nicht ganz offensichtlich nachvollziehbar ist.

Im Falle fehlender Wirtschaftlichkeit ist zu zeigen, dass der Aufwand (z.B. die Kosten einer Dämmmaßnahme) nicht vom Nutzen (den Einsparungen) aufgewogen werden. Dazu eignet sich die Berechnung der äquivalenten Energiekosten oder der Amortisationsdauer. *Siehe hierzu Kapitel 3.*

In Grenzfällen sollte dynamisch, also unter Berücksichtigung von Zinsen und Preissteigerungen, gerechnet werden. Dazu sollte man die Eckdaten kennen, welche in den Wirtschaftlichkeitsgutachten zur EnEV verwendet wurden: Energiepreis (Heizöl, Erdgas) 7,5 Cent/kWh, Energiepreissteigerung ca. 1 % jährlich, Kalkulationszinssatz (Realzins) ca. 3,5 %.

Die aktuellen Wirtschaftlichkeitsgutachten zur EnEV finden Sie auf der Internetseite zum Buch (siehe Seite 6).

Frage 64:

Darf ein Kamin- oder Kachelofen im EnEV-Nachweis berücksichtigt werden?

Antwort:

Ja. Einzelfeuerstätten können mittels DIN V 4701-10 primärenergetisch bewertet werden und sind deshalb genauso ansetzbar wie beispielsweise eine Gaszentralheizung.

Bei Öfen, die sowohl mit Holz als auch mit Kohle befeuert werden können, ist allerdings mit der primärenergetisch ungünstigsten Annahme, also ausschließlicher Befeuerung mit Kohle, zu rechnen (Primärenergiefaktor 1,1 für Steinkohle, 1,2 für Braunkohle). Den Verordnungsgeber interessiert hierbei nicht, ob tatsächlich Kohle verfeuert wird.

Öfen, die (gemäß Bauart bzw. Zulassung) ausschließlich mit Holz beschickt werden dürfen, sind im EnEV-Nachweis besonders interessant, weil für Holz ein sehr günstiger Primärenergiefaktor von 0,2 gilt.

Der Aussteller des Nachweises muss eine sachgerechte Annahme zum Deckungsanteil treffen, also zu der Frage, welchen Anteil am Heizwärmebedarf die Einzelfeuerstätte regelmäßig deckt.

Mit einem ausschließlich für Holz zugelassenen Ofen lässt sich der Primärenergiebedarf des Gebäudes günstig beeinflussen. Gebäude, bei denen der Nachweis ausschließlich mit konventioneller Zentralheizung scheitert, lassen sich so häufig doch erfolgreich nachweisen.

2.4 Neubau

Frage 65:

Was bedeutet „Referenzgebäudeverfahren“?

Antwort:

Der zulässige Primärenergiebedarf des realen Gebäudes ist kein fester Wert, sondern ergibt sich aus der energetischen Bilanzierung eines gedachten Gebäudes (= Referenzgebäude).

Das Referenzgebäude hat die gleiche Größe, Nutzung und Orientierung (Himmelsausrichtung) wie das reale Gebäude. Die technische Ausstattung ist jedoch vorgegeben: U-Wert der Wand und der übrigen Außenbauteile, Energiedurchlassgrad der Verglasung, Art der Heizung und Warmwasserbereitung, Art der Lüftung, Beleuchtungstechnik (nur Nichtwohngebäude) usw.

Das Referenzgebäude wird nun bilanziert: Das Ergebnis ist der Primärenergiebedarf in kWh pro Jahr. Dieser berechnete Primärenergiebedarf des Referenzgebäudes ist der zulässige Primärenergiebedarf für das reale Gebäude, welches mit der tatsächlich vorhandenen/geplanten technischen Ausstattung bilanziert wird. Das reale Gebäude darf also keinen höheren Primärenergiebedarf haben als das Referenzgebäude.

Dieses Verfahren wird bei Wohn- und bei Nichtwohngebäuden angewendet und gewährleistet planerische Freiheit bei der Gestaltung von Gebäuden.

Siehe hierzu auch Frage 66 und Frage 67.

Frage 66:

Welche Anforderungen werden an neue Wohngebäude gestellt? Nach welcher Norm wird gerechnet?

Antwort:

Für neue Wohngebäude (außer kleine Gebäude mit maximal 50 m² Nutzfläche) sind 2 Nachweise zu erbringen:

1. Der Primärenergiebedarf Q_p des realen Gebäudes darf denjenigen eines nach Anlage 1 EnEV ausgestatteten Referenzgebäudes gleicher Größe, Geometrie und Ausrichtung nicht überschreiten (*siehe auch Frage 65*).
2. Der auf die wärmeübertragende Umfassungsfläche bezogene spezifische Transmissionswärmeverlust H'_T (mittlerer U-Wert der Gebäudehülle einschließlich Wärmebrückeneinfluss) darf den in Anlage 1 EnEV angegebenen Höchstwert nicht überschreiten.

Der Nachweis des Primärenergiebedarfs bezieht sich ausschließlich auf den nicht erneuerbaren Anteil. Strom als Endenergie hat beispielsweise einen Gesamtprimärenergiefaktor von 3,0. Durch den Anteil von Strom aus erneuerbaren Quellen am Strommix beträgt der Primärenergiefaktor für den nicht erneuerbaren Anteil jedoch 2,7.

Der zulässige Transmissionswärmeverlust richtet sich nach dem Gebäudetyp, darunter: freistehend, einseitig angebaut (Reiheneckhaus, Doppelhaushälfte), übrige Gebäude (Reihenmittelhaus u.a.).

Neu

Die bis zur EnEV 2007 übliche Abhängigkeit der Grenzwerte für Q_p und H'_T vom Verhältnis A/V_e der wärmeübertragenden Umfassungsfläche existiert nicht mehr.

Die planerische Freiheit wird durch das Referenzgebäudeverfahren gewährleistet. *Dieses ist in Frage 65 beschrieben.*

Es darf wie bisher nach DIN 4108-6 i.V.m. DIN V 4701-10 gerechnet werden, oder es wird nach DIN V 18599 gerechnet.

Zwischen den Normen darf nicht gewechselt werden: Wenn das Referenzgebäude nach DIN V 18599 berechnet wurde, muss auch das reale Gebäude nach DIN V 18599 gerechnet werden. Wenn das Referenzgebäude nach DIN 4108-6 i.V.m. DIN V 4701-10 berechnet wurde, muss auch das reale Gebäude nach denselben Normen gerechnet werden.

Die verschiedenen Normen führen aufgrund unterschiedlicher Annahmen (*siehe hierzu Frage 62*) und Bilanzierungsansätze zu unterschiedlichen Ergebnissen. Es ist zulässig, das im Einzelfall günstigere Verfahren zu wählen.

Für neue Wohngebäude (außer kleine Gebäude mit maximal 50 m² Nutzfläche) ist ein Energieausweis auszustellen.

Frage 67:

Welche Anforderungen werden an neue Nichtwohngebäude gestellt?

Antwort:

Für neue Nichtwohngebäude (außer kleine Gebäude mit maximal 50 m² Nutzfläche) sind 2 Nachweise zu erbringen:

1. Der Primärenergiebedarf Q_p des realen Gebäudes darf denjenigen eines nach Anlage 2 EnEV ausgestatteten Referenzgebäudes nicht überschreiten.
2. Die mittleren U-Werte der wärmeübertragenden Umfassungsfläche dürfen die in Anlage 2 EnEV angegebenen Höchstwerte nicht überschreiten.

Der Nachweis des Primärenergiebedarfs bezieht sich, wie bei Wohngebäuden, ausschließlich auf den nicht erneuerbaren Anteil.

Die Vorgabe fester Grenzwerte für den Primärenergiebedarf ist angesichts der Vielzahl an unterschiedlichen Nutzungsarten bei Nichtwohngebäuden nicht sinnvoll. Ein Schwimmbad kann nicht ohne Weiteres mit einem Kaufhaus verglichen werden.

Deshalb wird, wie bei Wohngebäuden, das Referenzgebäudeverfahren angewendet (*siehe Frage 66*). Das Referenzgebäude entspricht nach Größe, Geometrie, Ausrichtung und Nutzung (Zonierung) genau dem realen Gebäude. Für das Referenzgebäude wird nach DIN V 18599 der Primärenergiebedarf bestimmt. Dieser ist der Grenzwert, den das reale Gebäude (ebenfalls anch DIN V 18599 berechnet) mit seiner frei gewählten energetischen Ausstattung einhalten muss.

Für neue Nichtwohngebäude (außer kleine Gebäude mit maximal 50 m^2 Nutzfläche) ist ein Energieausweis auszustellen.

Frage 68:

Welche Anforderungen werden an kleine Gebäude gestellt?

Antwort:

Kleine Gebäude sind solche, die eine Nutzfläche (nach DIN 277) von maximal 50 m^2 aufweisen.

Diese Gebäude dürfen so nachgewiesen werden wie normale Wohn- bzw. Nichtwohngebäude (*siehe Frage 66 und Frage 67*); dies ist aber nicht verpflichtend.

Stattdessen gelten die Anforderungen der EnEV als erfüllt, wenn die Außenbauteile die U-Wert-Anforderungen für Altbauten erfüllen (Anlage 3 EnEV, *siehe Tabelle 1.1 auf Seite 30*).

Kleine Wohngebäude benötigen keinen Energieausweis.

Frage 69:

Werden Gebäude mit hohem Fensterflächenanteil beim EnEV-Nachweis benachteiligt?

Antwort:

Ja. Bei neuen Wohngebäuden sind i.d.R. als Hauptanforderung der Primärenergiebedarf Q_p und als Nebenanforderung der spezifische Transmissionswärmeverlust H'_T nachzuweisen und zu begrenzen.

Fenster weisen physikalisch bedingt schlechtere U-Werte auf als opake (nicht transparente) Bauteile und haben damit höhere Transmissionswärmeverluste. Allerdings holen sie, abhängig von der Sonneneinstrahlung (Orientierung, Verschattung, Energiedurchlassgrad), einen Teil der Transmissionswärmeverluste über solare Wärmegewinne wieder herein. Unter optimalen Voraussetzungen kann die energetische Bilanz eines Fensters sogar positiv werden: Die Wärmegewinne sind dann höher als die Wärmeverluste.

Diese Wärmegewinne werden beim Nachweis des spezifischen Transmissionswärmeverlusts nicht berücksichtigt. Hohe Fensterflächenanteile erfordern deshalb zur Kompensation häufig eine kostenintensive Verringerung des U-Wertes opaker Bauteile.

Hohe Fensterflächenanteile wirken sich also nachteilig aus, obwohl sie bei sorgsamer Planung (z.B. Maßnahmen zum Schutz vor Überhitzung) energetisch sehr effizient sind.

Frage 70:

Gibt es in der EnEV 2009 einen vereinfachten Nachweis für bestimmte Wohngebäude?

Antwort:

Der nach EnEV 2007 mögliche, vereinfachte Nachweis (Heizperiodenbilanzverfahren) für Wohngebäude mit maximal 30 % Fensterflächenanteil ist ersatzlos gestrichen worden.

Nur für kleine Gebäude bis 50 m² Nutzfläche bleibt es bei der Möglichkeit, den Anforderungen dadurch zu genügen, dass die Außenbauteile die U-Wert-Anforderungen für Altbauten erfüllen (Anlage 3 EnEV, *siehe Tabelle 1.1 auf Seite 30*).

Alle anderen Gebäude müssen im Regelverfahren, also mittels Referenzgebäude, nachgewiesen werden.

Frage 71:

Muss künftig jedes Wohngebäude nach DIN V 18599 gerechnet werden?

Antwort:

Nein. Es darf weiterhin jedes Wohngebäude nach DIN 4108-6 i.V.m. DIN V 4701-10 gerechnet werden. Erst in der weiteren Fortschreibung der EnEV ist die Beschränkung auf DIN V 18599 zu erwarten. *Siehe auch Frage 66.*

Frage 72:

Wie ist ein neues Gebäude zu behandeln, dessen Anlagentechnik in DIN V 4701-10 bzw. DIN V 18599 nicht behandelt ist?

Antwort:

Wenn die Anlagentechnik nicht bewertet werden kann, weil keine anerkannten Regeln der Technik hierfür vorliegen (insbesondere DIN V 4701-10 und DIN V 18599, für ältere Anlagen auch Bekanntmachungen des Bundesministeriums für Verkehr, Bau und Stadtentwicklung), so ist anstelle der nicht bewertbaren Anlagentechnik eine bewertbare Anlagentechnik mit vergleichbaren energetischen Eigenschaften anzusetzen.

Die EnEV 2007 verzichtete für ein solches Gebäude auf den Nachweis des Primärenergiebedarfs und stellte stattdessen verschärfte Anforderungen an den auf die wärmeübertragende Umfassungsfläche bezogenen spezifischen Transmissionswärmeverlust H'_T (mittlerer U-Wert der Gebäudehülle einschließlich Wärmebrücken).

Dieser Ersatznachweis, für den als verschärfter Grenzwert immer 76 % des sonst für Neubauten gültigen Grenzwertes galten, ist in EnEV 2009 gestrichen.

Frage 73:

Kann durch energiesparende Bauweise die Pflicht zur Nutzung erneuerbarer Wärme nach EEWärmeG auch ohne Nutzung regenerativer Energie erfüllt werden?

Antwort:

Wenn die Anforderungen der EnEV (hinsichtlich Primärenergiebedarf und Wärmedämmung der Gebäudehülle) um mindestens 15 % unterschritten werden, gilt dies als Ersatzmaßnahme im Sinne von § 7 EEWärmeG. Damit werden die Anforderungen des EEWärmeG erfüllt.

Dieser Sachverhalt wird im Energieausweis dokumentiert – somit dient der Energieausweis als Nachweis.

Dieses Ziel wird ganz ohne Einbeziehung erneuerbarer Energien allerdings regelmäßig nicht leicht zu erreichen sein.

Das Referenz-Wohngebäude (*siehe auch Frage 65*) enthält im Übrigen als Standardausrüstung eine thermische Solaranlage zur Brauchwassererwärmung.

Frage 74:

Darf Strom aus erneuerbaren Energien im EnEV-Nachweis als erneuerbare Energie berücksichtigt werden?

Antwort:

Ja, und zwar wenn alle nachfolgenden Voraussetzungen erfüllt sind:

- Der Strom wird im unmittelbaren räumlichen Zusammenhang mit dem nachzuweisenden Gebäude erzeugt.
- Der Strom wird vorrangig im nachzuweisenden Gebäude verbraucht, und nur der Überschuss wird in das öffentliche Netz eingespeist.

Die Erzeugungsanlage muss nicht auf demselben Grundstück wie das Gebäude stehen, sich aber in räumlicher Nähe zum Gebäude befinden.

Vorrangiger Verbrauch des Stroms im nachzuweisenden Gebäude heißt nicht überwiegender Verbrauch (also mehr als 50 %), sondern Verbrauch im Gebäude, soweit der Strom dort verbraucht werden kann, und erst bei Deckung des eigenen Bedarfs Einspeisung in das öffentliche Netz. Das kann weniger oder auch mehr als 50 % des gesamten produzierten Stroms sein.

Diese Regelung bezieht sich (entgegen dem Wortlaut in § 5 EnEV) nicht nur auf neue Gebäude, sondern darf (gemäß § 9 Absatz 2 EnEV) auch bei der Bilanzierung bestehender Gebäude angewendet werden.

Frage 75:

Ist es zulässig, an einem Neubau eine geringere Dämmstoffdicke einzubauen, als dies beim Altbau zulässig wäre?

Antwort:

Ja. Wenn der Regelnachweis geführt wird (*siehe Frage 66 und Frage 67*), benötigen die einzelnen Bauteile (anders als bei der Bauteilsanierung im Altbau) keinen bestimmten U-Wert. Es ist so beispielsweise möglich und sogar gewollt, dass ein Dach mit einem schlechten (hohen) U-Wert durch eine Wand mit gutem (niedrigem) U-Wert kompensiert wird.

Daraus folgt: Ein Handwerker muss bei einem Neubau keinen Verdacht hegen, wenn das von ihm herzustellende Bauteil nicht den Bauteilanforderungen des Altbaus genügt.

Zu beachten ist jedoch der Mindestwärmeschutz nach DIN 4108-2 (*siehe Tabelle 1.2 auf Seite 31*). Dieser ist in jedem Falle einzuhalten, weil ansonsten die bauphysikalische Funktionsfähigkeit des Bauteils (Schutz vor schädlichem Tauwasser) gefährdet ist.

2.5 Altbau

Frage 76:

Welche Anforderungen werden an bestehende Gebäude gestellt?

Antwort:

Es gibt unbedingte und bedingte Anforderungen.

Unbedingte Anforderungen sind Nachrüstpflichten, die auch dann greifen, wenn eigentlich keine Maßnahme geplant ist.

Beispiele:

- Bauteilsanierung: Dämmung von bisher ungedämmten obersten Geschossdecken,
- Anlagentechnik: Außerbetriebnahme alter Standardheizkessel, Dämmung von bisher ungedämmten Heiz- und Warmwasserleitungen, Einbau von Raumthermostaten.

Die bedingten Anforderungen greifen nur dann, wenn ohnehin Hand angelegt wird. Die Anforderungen bestehen übrigens nur für den Teil, der von einer geplanten Maßnahme betroffen ist.

Beispiele:

- Bauteilsanierung: Fensteraustausch, Dacherneuerung, Außenputzerneuerung,
- Anlagentechnik: Heizkesselaustausch, Austausch der Umwälzpumpe der Heizung, Austausch der Zirkulationspumpe der Warmwasserversorgung.

Siehe hierzu auch Frage 84.

Alt

Frage 77:

Welche unbedingten Nachrüstpflichten bestehen hinsichtlich der Gebäudehülle?

Antwort:

Nur eine, und zwar für Wohngebäude und Nichtwohngebäude, die mindestens 4 Monate im Jahr auf mindestens 19 °C beheizt werden: Oberste Geschossdecken zum unbeheizten Dachraum müssen unter Einhaltung eines U-Wertes von 0,24 $W/(m^2 \cdot K)$ gedämmt werden, wenn folgende Bedingungen erfüllt sind:

- Die Decke ist zugänglich (zumindest bekriechbar), kann aber mangels trittfesten Belags bzw. mangels ausreichender Höhe des Dachraums nicht aufrecht begangen werden.
- Die Decke ist bisher ungedämmt.

Ab dem 01.01.2012 gilt diese Nachrüstpflicht auch für begehbare oberste Geschossdecken.

Sonderregel für Ein- und Zweifamilienhäuser, in denen der Eigentümer am 01.02.2002 (ggf. neben einer anderen Partei) selbst gewohnt hat: Die Pflicht greift erst, wenn nach dem 01.02.2002 ein Eigentümerwechsel stattgefunden hat. Der neue Eigentümer hat 2 Jahre Zeit, die Pflicht zu erfüllen.

Sonderregel zur Sonderregel: Findet der Eigentümerwechsel vor dem 01.01.2010 statt und sind seitdem noch keine 2 Jahre vergangen, reicht die Einhaltung eines U-Wertes von 0,30 $W/(m^2 \cdot K)$.

Alt

Die Pflicht entfällt, wenn die darüber liegende Dachschräge gedämmt ist (egal in welcher Dämmstärke). Die Pflicht kann ersatzweise durch entsprechende Dämmung der bisher ungedämmten Dachschräge erfüllt werden.

Diese Nachrüstpflicht gilt unbedingt, sie hängt also nicht davon ab, ob ohnehin Arbeiten an der Decke durchgeführt werden.

Frage 78:

Welche unbedingten Nachrüstpflichten bestehen hinsichtlich der Anlagentechnik?

Antwort:

Unbedingte Nachrüstpflichten betreffen insbesondere

- alte Heizkessel (*siehe Frage 79*),
- ungedämmte Wärmeverteil- und Warmwasserleitungen (*siehe Frage 80*),
- fehlende Raumthermostate (*siehe Frage 81*),
- fehlende Heizungsregelung (Außentemperaturfühler und Zeitschaltung; *siehe Frage 83*).

Es wird gerne übersehen, dass es neben den Nachrüstpflichten nach EnEV 2009 häufig noch unerledigte Altfälle (EnEV 2002/2004/2007, Wärmeschutzverordnung 1995, Heizungsanlagenverordnung 1998) gibt. Diese Altfälle stellen einen rechtswidrigen Zustand dar und sind insofern unbedingt abzustellen.

Alt

Frage 79:

Müssen alte Heizkessel ausgetauscht werden?

Antwort:

Heizkessel müssen ausgetauscht werden, wenn alle folgenden Bedingungen erfüllt sind:

1. Der Kessel wird mit gasförmigem oder flüssigem Brennstoff befeuert, welcher nicht erheblich von den marktüblichen abweicht.
2. Der Kessel wurde vor dem 01.10.1978 eingebaut.
3. Der Kessel ist kein Niedertemperatur- oder Brennwertkessel.
4. Die Nennleistung beträgt mindestens 4 und höchstens 400 kW.
5. Der Kessel dient nicht nur der Warmwasserbereitung.

Sonderregel für Ein- und Zweifamilienhäuser, in denen der Eigentümer am 01.02.2002 (ggf. neben einer anderen Partei) selbst gewohnt hat: Die Pflicht greift erst, wenn nach dem 01.02.2002 ein Eigentümerwechsel stattgefunden hat. Der neue Eigentümer hat 2 Jahre Zeit, die Pflicht zu erfüllen.

Diese Nachrüstpflicht gilt unbedingt, sie hängt also nicht davon ab, ob ohnehin Arbeiten am Kessel durchgeführt werden.

Alt

Frage 80:

Müssen Wärmeverteil- und Warmwasserleitungen im unbeheizten Keller gedämmt werden?

Antwort:

Wärmeverteil- und Warmwasserleitungen und Armaturen, die sich nicht in beheizten Räumen befinden, müssen im Sinne von Anlage 5 EnEV (*siehe Tabelle 1.3 auf Seite 32*) gedämmt werden, wenn beide folgenden Bedingungen erfüllt sind:

1. Die Leitungen bzw. Armaturen sind zugänglich.
2. Die Leitungen bzw. Armaturen sind bisher ungedämmt.

Dies gilt nicht nur für Leitungen in unbeheizten Räumen, sondern auch für Leitungen im Freien (also gegen Außenluft).

Sonderregel für Ein- und Zweifamilienhäuser, in denen der Eigentümer am 01.02.2002 (ggf. neben einer anderen Partei) selbst gewohnt hat: Die Pflicht greift erst, wenn nach dem 01.02.2002 ein Eigentümerwechsel stattgefunden hat. Der neue Eigentümer hat 2 Jahre Zeit, die Pflicht zu erfüllen.

Diese Nachrüstpflicht gilt unbedingt, sie hängt also nicht davon ab, ob ohnehin Arbeiten am Leitungsnetz durchgeführt werden.

Alt

Frage 81:

Müssen Raumthermostate an Heizkörpern bzw. für Fußbodenheizungen (etwa auf Betreiben des Mieters) nachgerüstet werden?

Antwort:

Ja. Soweit „Einrichtungen zur raumweisen Regelung der Raumtemperatur“ (z.B. Thermostatventile an den Heizkörpern) fehlen, müssen diese nachgerüstet werden.

Die Nachrüstpflicht besteht nicht für Fußbodenheizungen in Gebäuden, die vor dem 01.02.2002 (Inkrafttreten der EnEV 2002) gebaut wurden. Bei diesen Fußbodenheizungen reicht es, wenn die Wärmeleistung raumweise angepasst werden kann, z.B. durch (für den Bewohner problemlos zugängliche) Absperrventile. Bei neueren Fußbodenheizungen ist die raumweise, thermostatische Regelung im Gegensatz dazu vorgeschrieben.

Die Nachrüstpflicht gilt unbedingt und besteht im Wesentlichen bereits seit der Heizungsanlagenverordnung 1998.

Alt

Frage 82:

Müssen Elektrospeicherheizungen außer Betrieb genommen werden?

Antwort:

Die Pflicht zur Außerbetriebnahme kommt nur infrage, wenn alle folgenden Bedingungen erfüllt sind:

1. Das Gebäude ist
   a) ein Wohngebäude mit mindestens 6 Wohneinheiten, welches ausschließlich mittels Elektrospeicherheizung beheizt wird, oder
   b) ein Nichtwohngebäude, das mindestens 4 Monate im Jahr auf mindestens 19 °C beheizt wird und in dem mehr als 500 m² Nutzfläche mittels Elektrospeicherheizung beheizt werden.
2. Das Gebäude erfüllt **nicht** mindestens die Wärmeschutzverordnung 1995. (Dies betrifft Gebäude mit Bauantrag vor dem 01.01.1995, die weder bei Erstellung der Wärmeschutzverordnung entsprachen noch durch spätere Modernisierung auf dieses Niveau gebracht wurden.)
3. Die Heizleistung ist größer als 20 Watt je m² Nutzfläche.
4. Der Einbau einer anderen Heizungsanlage ist technisch möglich und wirtschaftlich vertretbar.

Die Pflicht greift erst am 01.01.2020, wobei eine Elektrospeicherheizung nach Einbau bzw. Austausch wesentlicher Bauteile auf jeden Fall 30 Jahre betrieben werden darf. (Bei mehreren im Gebäude vorhandenen Geräten ist auf das zweitälteste Gerät abzustellen.)

Alt

Bei dezentralen Elektrospeicherheizsystemen (einzelne Nachtspeicheröfen) wird in der Praxis der Umstieg auf ein alternatives Heizsystem wirtschaftlich kaum vertretbar sein. Eine Befreiung gemäß § 25 EnEV erscheint begründet (*siehe hierzu Frage 33*).

Zum Austausch einzelner Nachtspeicheröfen siehe Frage 118.

Frage 83:

Müssen Heizungsregelungen (meist Außentemperaturfühler und Zeitschaltung) in Zentralheizungen nachgerüstet werden?

Antwort:

Ja. Soweit in Zentralheizungen Heizungssteuerungen zur automatischen Anpassung der Wärmezufuhr anhand einer geeigneten Führungsgröße (z.B. Außentemperatur) und zur Schaltung elektrischer Antriebe fehlen, müssen diese nachgerüstet werden.

Mit zunehmendem Wärmeschutzniveau verliert die Außentemperatur als ausschließliche Führungsgröße an Bedeutung. Neue Ansätze berücksichtigen statt der statischen Regelung über die Außentemperatur eine dynamische Regelung in Abhängigkeit des tatsächlichen momentanen Wärmebedarfs, der beispielsweise von der Wärmespeicherung des Gebäudes und den solaren Wärmegewinnen abhängt.

Die Nachrüstpflicht gilt unbedingt und besteht im Wesentlichen bereits seit der Heizungsanlagenverordnung 1998.

Alt

Frage 84:

Was heißt „bedingte Anforderungen“?

Antwort:

Bedingte Anforderungen greifen, wenn ohnehin am Gebäude gearbeitet wird, und dann auch nur in dem Umfang, in dem ohnehin am Gebäude gearbeitet wird.

Bei Bauteilmaßnahmen gilt allgemein eine Bagatellgrenze von 10 % (*siehe auch Frage 85*).

Beispiel: An einem Wohnhaus soll flächenmäßig die Hälfte der Fenster (Fassadenfenster) erneuert werden. Die Maßnahme überschreitet die Bagatellgrenze. Die neuen Fenster, und nur diese, müssen also den Anforderungen der EnEV genügen: Sie dürfen einen U-Wert von maximal 1,30 W/(m² · K) aufweisen.

Die EnEV verlangt nicht, dass eine Maßnahme auf Bereiche ausgedehnt wird, die von der geplanten Maßnahme nicht betroffen sind.

Alt

Frage 85:

Was besagt die Bagatellregelung?

Antwort:

Bei bedingten Anforderungen an Bauteile soll eine Bagatellgrenze vermeiden, dass die EnEV auch bei geringfügigen Maßnahmen greift.

Deshalb gelten Anforderungen nur, wenn von der geplanten Maßnahme mindestens 10 % der gesamten jeweiligen Bauteilfläche betroffen sind.

Daraus folgt: Wenn ein Bauteil in 11 gleichen Abschnitten zu je weniger als 10 % saniert wird, greift die EnEV nicht. Ob eine solche Aufteilung wirtschaftlich/energetisch sinnvoll ist, mag bezweifelt werden.

Die in der EnEV 2007 geltende Differenzierung nach der Bauteilorientierung (Himmelsrichtung) wurde mit der EnEV 2009 aufgehoben.

Alt

Frage 86:

Was sind ausreichende „technische Gründe" zur Rechtfertigung dünnerer Dämmschichtdicken, als zur Einhaltung der EnEV erforderlich sind?

Antwort:

In den Bauteilanforderungen für Altbauten (Anlage 3 EnEV) findet sich u.a. bei Flachdächern der Hinweis, dass für den Fall, dass die Dämmschichtdicke aus technischen Gründen begrenzt ist, der Einbau der höchstmöglichen Dämmschichtdicke (nach anerkannten Regeln der Technik und bei einer Wärmeleitfähigkeit von 0,040 W/(m · K)) ausreichend sei.

Problem: Technisch ist fast nichts unmöglich. Bei einer Dachterrasse ist es durchaus technisch möglich, zugunsten ausreichender Dämmung die Terrassentüre zu ändern, das Geländer zu erneuern und alle An- und Abschlüsse zu erhöhen. Aber dabei wird der Grundsatz der Wirtschaftlichkeit durchbrochen.

Es soll also nicht darum gehen, was grundsätzlich technisch möglich ist, sondern was **unter Einhaltung des Wirtschaftlichkeitsgrundsatzes** technisch möglich ist.

Dieses Vorgehen soll die Baurechtsbehörden hinsichtlich möglicher Befreiungsanträge entlasten, birgt für den Entscheider (Planer, Unternehmer, Bauherr) aber das Risiko, dass die zuständige Behörde dies im Nachhinein anders sieht.

In jedem nicht ganz eindeutigen Einzelfall ist es deshalb unbedingt ratsam, formell eine Befreiung nach § 25 EnEV zu beantragen (*siehe Frage 34*).

Frage 87:

Welche Anforderungen werden bei Gebäudeerweiterungen gestellt?

Antwort:

Das richtet sich nach dem Umfang der Erweiterung.

- Erweiterung der Nutzfläche (nach DIN 277) um weniger als 15 m²: Keine Anforderungen an die betroffenen Bauteile; kein EnEV-Nachweis erforderlich.
- Erweiterung der Nutzfläche um mindestens 15 und höchstens 50 m²: Die betroffenen Bauteile müssen die Bauteilanforderungen des Altbaus erfüllen (Anlage 3 EnEV, *siehe Tabelle 1.1 auf Seite 30*); kein weiterer Nachweis erforderlich.
- Erweiterung der Nutzfläche um mehr als 50 m²: Der neue Gebäudeteil muss wie ein Neubau nachgewiesen werden (*siehe Frage 66 und Frage 67*).

Daraus folgt, dass bei einer Bauteilsanierung ganz ohne Erweiterung der Nutzfläche die Bauteilanforderungen für Altbauten eingehalten werden müssen.

Wenn mit der Bauteilsanierung dagegen eine geringfügige Erweiterung der Nutzfläche (weniger als 15 m²) verbunden ist, bestehen keine Anforderungen an die betroffenen Bauteile (*siehe auch Diagramm 1.2 auf Seite 25*). Es wird dennoch empfohlen, die Bauteilanforderungen nach Möglichkeit und im Rahmen der Wirtschaftlichkeit einzuhalten.

Alt

Frage 88:

Was ist bei einer Dachsanierung mit gleichzeitigem Dachgeschossausbau zu beachten?

Antwort:

Wenn das Dachgeschoss bisher nicht ausgebaut war, handelt es sich bei der Maßnahme um eine Erweiterung. Wenn die Erweiterung mehr als 50 m^2 Nutzfläche ausmacht, reicht die Einhaltung der Bauteilanforderungen für Dächer nicht mehr aus.

Stattdessen ist der neue Gebäudeteil (also das neu ausgebaute Dachgeschoss) wie ein neues Gebäude nachzuweisen (*siehe auch Frage 87*).

Wird ein Dachgeschoss im Zuge der Dachsanierung erstmalig zu Wohnzwecken ausgebaut und vergrößert sich dadurch die beheizte Nutzfläche um mehr als 50 m^2, reicht die Einhaltung der Bauteilanforderungen für Bauteile nicht aus.

Alt

Frage 89:

Welche Anforderungen werden bei Bauteilsanierungen gestellt?

Antwort:

In der Regel sind bei der Sanierung wärmeübertragender Bauteile bestimmte U-Werte einzuhalten.

Die auslösenden Tatbestände gehen dabei weit über die klassische Sanierung hinaus: Die EnEV greift prinzipiell immer dann, wenn eine Maßnahme eine Chance zur energetischen Verbesserung darstellt.

Welche Maßnahme bei welchem Bauteil Anforderungen der EnEV begründet, ist in Anlage 3 EnEV geregelt (*siehe hierzu auch Kapitel 1.4 auf Seite 23*).

Die EnEV ermöglicht es, von den bauteilbezogenen U-Wert-Vorgaben abzuweichen. Dazu ist für das Gebäude im sanierten Zustand nachzuweisen, dass der Primärenergiebedarf und der Wärmeschutz der Gebäudehülle die Anforderungen für neue Gebäude um nicht mehr als 40 % überschreiten. Dieser Nachweis kommt eigentlich nur bei der Sanierung mehrerer Bauteile infrage und dürfte insgesamt die Ausnahme bleiben.

Wenn mit der Bauteilsanierung eine Erweiterung der beheizten (bzw. gekühlten) Nutzfläche um mehr als 50 m² einhergeht, muss der neue Gebäudeteil wie ein Neubau behandelt werden (*siehe hierzu Frage 87*).

Alt

Frage 90:

Ist es zulässig, bei der Sanierung von Außenbauteilen die U-Wert-Anforderungen der EnEV nicht einzuhalten?

Antwort:

Ja, unter der Voraussetzung, die in *Frage 89* beschrieben ist. Ein weiterer Fall ist in *Frage 91* beschrieben.

Frage 91:

Darf ein Bauteil nach der Sanierung einen schlechteren U-Wert haben als vorher?

Antwort:

Zunächst einmal nein. § 11 EnEV enthält ein Verschlechterungsverbot. Demnach dürfen Außenbauteile nicht so verändert werden, dass sich die energetische Qualität des Gebäudes dadurch insgesamt verschlechtert.

Bei genauem Hinsehen eröffnen sich dennoch 2 Wege, ein Bauteil hinsichtlich des U-Wertes zu verschlechtern:

1. Durch Kompensation an anderer Stelle wird die energetische Qualität des Gebäudes insgesamt erhalten.
2. Wenn ein unsachgemäß gedämmtes Bauteil durch Reduzierung der Dämmstärke „repariert“ werden muss, um Tauwasserschäden zu verhindern, begründet dies einen Antrag auf Befreiung nach § 25 EnEV (*siehe hierzu Frage 34*).

Alt

Frage 92:

Welche Anforderungen gelten bei Sanierung von Bauteilen, die in der EnEV nicht genannt werden (z.B. Lichtkuppeln)?

Antwort:

Keine.

Nur durch das Verschlechterungsverbot nach § 11 EnEV werden die Möglichkeiten begrenzt: Beispielsweise dürfen neu einzubauende Lichtkuppeln nicht ohne Weiteres einen schlechteren U-Wert aufweisen als die alten (*siehe hierzu auch Frage 91*).

Frage 93:

Gelten bei teilweiser Sanierung eines Bauteils die EnEV-Anforderungen auch für den nicht zu sanierenden Anteil?

Antwort:

Nein (*siehe auch Frage 84*).

Alt

Frage 94:

Muss ein Selbermacher bei Bauteilsanierungen die Anforderungen der EnEV beachten?

Antwort:

Ja, uneingeschränkt (*siehe auch Frage 39*).

Frage 95:

Müssen minimal gedämmte, oberste Geschossdecken nachgedämmt werden?

Antwort:

Nein. Nur ungedämmte oberste Geschossdecken müssen im Rahmen einer Nachrüstpflicht gedämmt werden (*siehe hierzu auch Frage 77*).

Frage 96:

Welche Anforderungen gelten bei Sanierung einer Sichtfachwerkwand?

Antwort:

Der zulässige U-Wert beträgt 0,84 W/(m² · K), wenn

- die Wand erneuert wird, oder
- eine Dämmschicht eingebaut wird (innen), oder
- der Außenputz erneuert wird, wobei der U-Wert der bestehenden Wand schlechter als 0,90 W/(m² · K) ist.

Vorstehende Anforderung gilt allerdings nur für sehr schlagregengeschützte Wände (Schlagregenbeanspruchungsgruppe I nach DIN 4108-3, besonders geschützte Lage). Für andere Sichtfachwerkwände gilt bei den genannten Maßnahmen keine Anforderung seitens der EnEV.

Wenn die Wand von außen bekleidet oder mit einer Vorsatzschale versehen wird, gelten die allgemeinen Anforderungen: Bei Wohngebäuden muss ein U-Wert von 0,35 W/(m² · K) eingehalten werden. Allerdings ist in diesem Fall die Wand nach der Sanierung W/(m² · K) keine Sichtfachwerkwand mehr.

Weitere Details *siehe Diagramm 1.3 auf Seite 26.*

Bei der Innendämmung von Fachwerkwänden ist unbedingt die bauphysikalische Eignung des Gesamtsystems zu prüfen.

Alt

Frage 97:

Welche Anforderungen stellt die EnEV bei Bauteilsanierungen an die Ausführung von Wärmebrücken? Müssen diese auch gedämmt werden?

Antwort:

Die EnEV stellt keine konkreten Anforderungen an Wärmebrücken bei Altbauten. Insofern verlangt die EnEV auch nicht, dass eine Wärmebrücke zu dämmen ist.

Davon abgesehen, dürfen Wärmebrücken im Falle der Sanierung angrenzender Bauteile selbstverständlich nie ignoriert werden, zum einen wegen der Begrenzung der Wärmeverluste, zum anderen wegen der Gefahr schädlicher Tauwasserbildung oder Schimmelbildung.

Ein klassisches Beispiel: Bei der Innendämmung einer Außenwand und Fensteraustausch muss die innere Fensterlaibung als Wärmebrücke zwingend konstruktiv gedämmt werden. Bei Nichtbeachtung drohen Oberflächentauwasser und Schimmelbildung im Bereich der Laibung.

Allgemein werden durch Wärmedämmungen die thermischen Verhältnisse in und auf Bauteilen verändert. Dies kann dazu führen, dass bisher schadensfreie Bereiche nach der Sanierung „urplötzlich“ Probleme verursachen.

Alt

Frage 98:

Bei welcher Art der Putzerneuerung verlangt die EnEV die Einhaltung eines bestimmten U-Wertes?

Antwort:

Das Ausbessern eines Putzes, auch das Aufbringen einer neuen Putzschicht auf den vorhandenen Oberputz, stellt keine einschlägige Putzerneuerung dar, die U-Wert-Anforderungen begründet.

Einschlägig ist vielmehr das Neuverputzen nach Abschlagen des Altputzes. Und auch dann verlangt die EnEV eine energetische Ertüchtigung nur, wenn der U-Wert der bestehenden Wand schlechter als 0,90 $W/(m^2 \cdot K)$ ist.

Darüber hinaus ist die Bagatellregelung zu beachten: Die EnEV stellt nur dann Anforderungen, wenn mehr als 10 % der Außenwandfläche neu verputzt werden (*siehe hierzu auch Frage 85*).

Als energetische Aufwertung kommt bei einer Außenputzerneuerung i.d.R. nur eine Dämmung von außen in Betracht (Wärmedämmverbundsystem). Dadurch verändern sich die Außenmaße des Gebäudes.

Bei der Außendämmung von Wänden im Gebäudebestand muss geprüft werden, ob Grenzabstände evtl. in unzulässiger Weise reduziert werden.

Alt

Frage 99:

Wie unterscheidet man Flach- und Steildächer?

Antwort:

Die Unterscheidung erfolgt weniger anhand der Dachneigung als vielmehr anhand der konstruktiven Ausführung.

Als Flachdach gilt ein Dach dann, wenn es wie ein klassisches Flachdach aufgebaut ist: Auf einer Tragdecke (und ggf. einer Dampfsperre) liegt eine durchgehende Dämmschicht, die von einer Abdichtung abgedeckt wird. Bei dieser Konstruktion lassen sich hohe Dämmdicken mit geringem Aufwand realisieren. Solche Dächer können ohne Weiteres Neigungen von mehr als 10 ° aufweisen (wenngleich dies nicht die Regel ist).

Steildächer sind konstruktiv dadurch gekennzeichnet, dass der Dämmstoff zwischen dem Tragskelett (Sparren) eingebaut wird oder, im Falle von Aufsparrendämmungen, konstruktiv aufwendig befestigt wird. Bei diesen Dächern sind dickere Dämmungen nicht so problemlos zu realisieren wie bei Flachdächern. Steildächer in diesem Sinne können Neigungen deutlich unter 10 ° aufweisen.

Diese Auslegung steht im Widerspruch zur offiziellen Auslegung durch die Fachkommission „Bautechnik" der Bauministerkonferenz (2. Auslegungsstaffel zur EnEV 2002/2004). Der Autor vertritt sie dennoch.

Alt

Frage 100:

Unter welcher Voraussetzung stellt die EnEV bei Flachdachsanierungen keine Anforderungen? Gilt die Regeneration einer Dachabdichtung als Erneuerung?

Antwort:

Die EnEV stellt Anforderungen an den U-Wert eines Flachdaches u.a. dann, wenn die Abdichtung erneuert wird.

Eine Erneuerung liegt dann vor, wenn eine vollständig neue Abdichtung aufgebracht wird, ohne dass die vorhandene Abdichtung funktionaler Teil der neuen Abdichtung wird.

Insofern stellt die Regeneration einer Abdichtung (eine Sanierungslage auf eine bestehende Abdichtung aus Bitumenbahnen) keine Erneuerung dar, weil die Regenerationslage die vorhandene Abdichtung lediglich ergänzt, aber keinesfalls überflüssig macht. Die EnEV stellt in diesem Fall keine Anforderung an den U-Wert.

Wenn eine Altabdichtung auf dem Dach verbleibt und darauf eine komplette neue Abdichtung aufgebaut wird, ist die Maßnahme einschlägig; ein U-Wert von 0,20 W/(m² · K) (bzw. 0,35 bei niedrigen Innentemperaturen) ist einzuhalten.

> **Wenn ein altes Abdichtungspaket zugunsten einer neuen Wärmedämmung abgerissen und entsorgt werden muss, entstehen dadurch zusätzliche Kosten. Diese können die Wirtschaftlichkeit der energetischen Verbesserung im Einzelfall infrage stellen – dies begründet einen Antrag auf Befreiung nach § 25 EnEV (*siehe Frage 34*).**

Alt

Frage 101:

Auf eine bestehende Dachabdichtung (die nicht erneuert wird) soll aus feuchteschutztechnischen Gründen eine Umkehrdämmung aufgelegt werden. Stellt die EnEV hierbei Anforderungen?

Antwort:

Ja.

Zunächst gilt zwar der Grundsatz, dass die EnEV nur Anforderungen stellt, wenn die Dachabdichtung erneuert wird (*siehe auch Frage 84*).

Bei allen Außenbauteilen, also auch bei Dächern, greift die EnEV jedoch immer auch dann ein, wenn Dämmschichten eingebaut werden. Der eigentliche Grund für den Einbau der Wärmedämmung spielt dabei keine Rolle.

Bei Einbau einer Wärmedämmung ist also grundsätzlich die Bauteilanforderung an Flachdächer einzuhalten (zul $U = 0{,}20$ W/(m² · K)). Wenn die Dämmschichtdicke aus technischen Gründen begrenzt ist (z.B. durch die Höhe bestehender Anschlüsse), reicht der Einbau der maximal möglichen Dicke bei einer Wärmeleitfähigkeit von 0,040 W/(m · K); *siehe auch Diagramm 1.5 auf Seite 28.*

Beim Nachweis des U-Wertes eines Flachdaches mit Umkehrdämmung muss die Kaltwasserunterströmung der Dämmplatten rechnerisch berücksichtigt werden. Dazu ist ein Zuschlag auf den U-Wert zu ermitteln, der davon abhängt, welcher Anteil der gesamten Dämmwirkung sich unterhalb der Abdichtung befindet.

Frage 102:

Muss bei einer Dachumdeckung die EnEV auch dann eingehalten werden, wenn eine unter der Deckung liegende Schalung nicht erneuert wird?

Antwort:

Theoretisch ja.

Die EnEV stellt Anforderungen bei Dachumdeckungen, wenn die Dachhaut oder Verschalung ersetzt wird. Es reicht insofern also, wenn nur die Deckung erneuert wird, während die Schalung erhalten bleibt.

Die Einhaltung der U-Wert-Anforderung für Steildächer (zul $U = 0{,}24\ \mathrm{W/(m^2 \cdot K)}$; *siehe Diagramm 1.5 auf Seite 28*) kann in diesem Fall mit konstruktiven Problemen oder hohen finanziellen Mehraufwendungen verbunden sein. Deshalb greift hier die Härtefallregelung nach § 25 EnEV. Eine Befreiung kann bei der zuständigen Behörde beantragt werden (*siehe hierzu Frage 34*).

> **Bei der Dämmung vorhandener Steildächer von oben treten häufig konstruktive Probleme bei der Herstellung der Luftdichtheitsebene auf. Vor risikobehafteten Kompromisslösungen muss gewarnt werden. Im Einzelfall kann es unumgänglich sein, eine Innenbekleidung zu entfernen, damit eine Luftdichtheitsebene/Dampfbremse fachgerecht eingebaut werden kann.**

Alt

Frage 103:

Muss eine Zwischensparrendämmung um eine Auf- oder Untersparrendämmung ergänzt werden, wenn ohne die Ergänzung der geforderte U-Wert nicht erreicht wird?

Antwort:

Nein.

Wenn die Dicke einer Zwischensparrendämmung begrenzt ist durch

- eine Innenbekleidung, die nicht erneuert wird (bei Dämmung von oben) oder
- durch die Sparrenhöhe (bei Dämmung von unten),

reicht der Einbau einer Vollsparrendämmung aus, auch wenn dabei der eigentlich geforderte U-Wert nicht erreicht wird.

Ein Aufdoppeln der Sparren zugunsten einer dickeren Wärmedämmung oder eine Ergänzung des Aufbaus mittels Aufsparren- oder Untersparrendämmung ist aus wirtschaftlichen Gründen in der EnEV nicht gefordert (*siehe auch Diagramm 1.5 auf Seite 28*). Tatsächlich amortisiert sich der dazu erforderliche Mehraufwand nicht ohne Weiteres.

Technisch ist es allerdings heute problemlos möglich, die fehlende Dämmung, z.B. bei Dämmung von außen, in Form von druckfesten Holzfaserdämmplatten auf die Sparren zu bringen.

Alt

Frage 104:

Dürfen Teilbereiche eines Daches (oder eines anderen Bauteils) mit schlechteren U-Werten ausgeführt werden, als die EnEV dies bei der Sanierung des entsprechenden Bauteils verlangt?

Antwort:

Ja. Die EnEV stellt Anforderungen für die Maßnahme als Ganzes. Es ist also ausreichend, wenn die gesamte neue bzw. geänderte Bauteilfläche die U-Wert-Anforderung erfüllt.

Wenn es also beispielsweise aus konstruktiven Gründen sinnvoll ist, können Teilbereiche mit dünnerer Wärmedämmung ausgeführt werden, wenn dies an anderer Stelle durch dickere Wärmedämmung kompensiert wird.

Die Berechnung des U-Wertes erfolgt sodann flächengewichtet. Bei 2 unterschiedlich gedämmten Bereichen gilt:

$$U_{ges} = \frac{U_1 \cdot A_1 + U_2 \cdot A_2}{A_1 + A_2}$$

mit

U_{ges} = Gesamt-U-Wert über beide Bereiche
U_1 = U-Wert des ersten Bereiches
U_2 = U-Wert des zweiten Bereiches
A_1 = Fläche des ersten Bereiches
A_2 = Fläche des zweiten Bereiches

Der Mindestwärmeschutz nach DIN 4108-2 (*siehe Tabelle 1.2 auf Seite 31*) **muss auf jeden Fall in jedem Teilbereich eingehalten werden.**

Alt

Frage 105:

Welche Anforderungen stellt die EnEV bei der Erneuerung von Glasdächern?

Antwort:

Die EnEV unterschied in der Vergangenheit nicht zwischen opaken (= nicht transparenten) und transparenten Dächern. Insofern galten für ein Glasdach zunächst die gleichen Anforderungen wie für Steildächer, was jedoch technisch nicht realisierbar war.

In der EnEV 2009 sind die Glasdächer bei den Bauteilanforderungen explizit aufgeführt. Es ist also bei Erneuerung (bzw. erstmaligem Einbau) von Glasdächern ein U-Wert der Verglasung von 2,00 W/(m² · K) zulässig. (Diese Werte gelten bei Wohngebäuden und Nichtwohngebäuden mit Innentemperaturen ab 19 °C; *siehe auch Diagramm 1.4 auf Seite 27.*)

Frage 106:

Auf welche Fläche bezieht sich die Bagatellregelung bei Dächern?

Antwort:

Die Bagatellregelung sieht bei Dächern vor, dass Anforderungen nur gestellt werden, wenn mindestens 10 % der Bauteilfläche von einer einschlägigen Maßnahme betroffen sind (*siehe auch Frage 85*).

Als Bauteilfläche, auf die die 10 % bezogen werden, ist hier die gesamte wärmeübertragende Dachfläche (wohl getrennt nach Steil- und Flachdach) eines Gebäudes anzusetzen. Dachüberstände sind dabei also nicht zu berücksichtigen.

Die Dachflächen eines Gebäudes müssen nicht geometrisch zusammenhängen. Ein Einfamiliehaus mit versetztem Pultdach besitzt in diesem Sinne nur ein Dach, obwohl 2 voneinander unabhängige Dachflächen vorhanden sind.

Es kommt ebenso vor, dass zusammenhängende Dachflächen zu teilen sind – z.B. bei Reihenhäusern. Hier gilt die Dachfläche, die dem einzelnen, wirtschaftlich eigenständigen Einzelhaus zuzuordnen ist.

Diese Auslegung steht im Widerspruch zur offiziellen Auslegung durch die Fachkommission „Bautechnik" der Bauministerkonferenz (7. Auslegungsstaffel zur EnEV 2002/2004). Der Autor vertritt sie dennoch.

Frage 107:

Alt

Können sich Wärmedämmmaßnahmen nachteilig auf den Brandschutz (oder auch den Schallschutz) auswirken?

Antwort:

Ja.

Brand- und Schallschutz können sich durch eine zusätzliche bzw. eine neue Wärmedämmung verbessern, sie können sich dadurch aber auch verschlechtern.

Es ist auch denkbar, dass durch die Verringerung des Abstands zu Nachbargebäuden (z.B. bei Wärmedämmverbundsystem auf der Außenwand) eine höhere Feuerwiderstandsklasse des betroffenen Bauteils erforderlich ist.

Im Zuge von energetischen Sanierungen sind deshalb Brand- und Schallschutzanforderungen zu beachten. Für den Brandschutz ist insbesondere die jeweils gültige Landesbauordnung einschlägig.

Planer und Handwerker haben hinsichtlich Brand- und Schallschutz eine umfassende Prüfpflicht. Im Hinblick auf die Planungs- und Ausführungshaftung sollten im Zweifelsfall Hinweise bzw. Bedenken in schriftlicher Form an den Bauherrn gerichtet werden.

2.6 Bauteile und Gebäudehülle

Frage 108:

Wie ermittle ich die U-Werte neuerer Bauteile?

Antwort:

Grundsätzlich erfolgt die U-Wert-Berechnung nach dem in DIN EN ISO 6946 beschriebenen Verfahren. Die dabei anzusetzenden Wärmeleitfähigkeiten werden üblicherweise DIN 4108-4 und DIN EN 12524 entnommen, oder es werden die Angaben der Baustoffhersteller oder Produktzulassungen genutzt. Grundsätzlich dürfen nur Bemessungswerte verwendet werden.

Allerdings gelten die in DIN 4108-4 genannten Wärmeleitfähigkeiten streng genommen nur für Baustoffe, die den aktuellen Werkstoffnormen entsprechen. Bei bestehenden Bauteilen müssten also theoretisch die Wärmeleitfähigkeiten recherchiert und in die Berechnungen eingesetzt werden, die zu den verwendeten Baustoffen passen.

Dies wird in der Praxis üblicherweise vernachlässigt. Um auf der sicheren Seite zu sein, verwendet man in der U-Wert-Berechnung die Wärmeleitfähigkeiten neuer Baustoffe, wählt aber die vom oberen Ende der Skala (also die schlechten Werte).

> **Die wärmeschutztechnisch auf der sicheren Seite liegenden Wärmeleitfähigkeiten können nicht ohne Weiteres für eine feuchteschutztechnische Bauteilüberprüfung (Tauwassernachweis) verwendet werden. *Siehe hierzu auch Frage 111.***

Frage 109:

Wie ermittle ich die U-Werte alter Bauteile?

Antwort:

Grundsätzlich in gleicher Weise wie bei neueren Bauteilen (*siehe Frage 108*).

Sehr oft ist aber mangels Plänen bzw. Aufzeichnungen der Schichtenaufbau nicht genau bekannt, und die verwendeten Baustoffe sind nicht eindeutig bestimmbar. Eine normgerechte U-Wert-Berechnung im Sinne der DIN EN ISO 6946 fällt dann schwer bzw. ist fast unmöglich.

Für diese im Altbaubereich sehr häufigen Fälle hat das Bundesministerium für Verkehr, Bau und Stadtentwicklung in der „Bekanntmachung der Regeln zur Datenaufnahme und Datenverwendung im Wohngebäudebestand" die U-Werte alter Bauteile tabellarisch zusammengestellt. Dies stellt eine zwar grobe, aber dennoch zulässige Vereinfachung dar.

Es dürfen jedoch auch U-Werte aus anderen Publikationen verwendet werden.

Die vereinfachte U-Wert-Ermittlung birgt eine Gefahr: In der Energieberatung werden aufgrund dessen die U-Werte im Bestand zu schlecht geschätzt und darauf aufbauend unrealistische Einsparprognosen bei Sanierung gemacht.

Frage 110:

Dürfen bzw. müssen die U-Wert-Korrekturen nach DIN EN ISO 6946 beim Nachweis des U-Wertes eines Bauteils angewendet werden?

Antwort:

Verschlechterungen kommen infrage bei

- Fugen oder Luftzirkulation in der Dämmebene,
- Wärmebrückenwirkung metallischer Befestiger, die die Dämmschicht durchdringen, und/oder
- Umkehrdächern (Wärmedämmung außenseits der Abdichtung) wegen der Kaltwasserunterströmung der Dämmplatten.

Verbesserungen kommen in Betracht bei

- unbeheizten Räumen, die außenseits des Bauteils liegen, für das der U-Wert zu berechnen ist, und/oder
- unbeheizten Dachräumen mit Dachdeckung bei Berechnung des U-Wertes der obersten Geschossdecke.

Alle möglichen Verschlechterungen des U-Wertes müssen berücksichtigt werden; Verbesserungen dürfen bei reinen Bauteilnachweisen berücksichtigt werden. Beispiel: Nachweis des ausreichenden U-Wertes der obersten Geschossdecke eines Altbaus, die gedämmt wird.

Verbesserungen dürfen nicht im Rahmen einer Gebäudebilanzierung berücksichtigt werden, weil dort die U-Werte mit einem Bauteilfaktor gewichtet werden. (Die Verbesserung würde ansonsten doppelt berücksichtigt.)

Frage 111:

Kann eine U-Wert-Berechnung problemlos in einen Feuchteschutznachweis überführt werden?

Antwort:

Nein.

Viele Softwareprogramme suggerieren dies, indem parallel zur U-Wert-Berechnung der Feuchteschutz (z.B. mittels Glaserverfahren nach DIN 4108-3) überwacht wird.

Tatsächlich werden im Wärmeschutznachweis Wärmeleitfähigkeiten verwendet, die hinsichtlich des U-Wert-Ergebnisses auf der sicheren Seite liegen. Im Zweifelsfall wird also eine schlechtere Wärmeleitfähigkeit angenommen.

Dies kann im Feuchteschutznachweis fatale Folgen haben. Hier ist die schlechtere Wärmeleitfähigkeit eines Baustoffs keineswegs immer auf der sicheren Seite. Insbesondere darf die Dämmwirkung von Schichten innenseits der Dampfbremse/Dampfsperre/Luftdichtheitsschicht nicht unterschätzt werden, weil sie im schlimmsten Fall in diesen Schichten zu erheblichem Tauwasserausfall führen kann.

Es gilt also:

> **Wenn ein Feuchteschutznachweis auf Basis einer vorliegenden U-Wert-Berechnung geführt wird, sind die Baustoffkennwerte (insbesondere die Wärmeleitfähigkeiten) auf sinnvolle Verwendbarkeit hin zu überprüfen.**

Frage 112:

Gelten neben den Anforderungen der EnEV weitere Anforderungen an die U-Werte von Bauteilen?

Antwort:

Ja. § 7 EnEV weist darauf hin, dass der Mindestwärmeschutz nach DIN 4108-2 stets einzuhalten ist.

Dies ist insbesondere dann von Bedeutung, wenn im Zuge einer Gebäudebetrachtung der schlechte U-Wert eines Bauteils durch den besseren Wert eines anderen Bauteils kompensiert wird. Dann nämlich ist für das Bauteil mit dem schlechten U-Wert der Mindestwärmeschutz zu beachten, da ansonsten die bauphysikalische/feuchteschutztechnische Funktionsfähigkeit des Bauteils gefährdet ist.

Frage 113:

Welche Anforderungen stellt die EnEV an die Winddichtheit?

Antwort:

Keine. Die EnEV fordert lediglich Luftdichtheit. Diese wird konstruktiv auf der Raumseite (Warmseite der Konstruktion) hergestellt (siehe hierzu DIN 4108-7).

Eine winddichte Ebene auf der Kaltseite der Konstruktion ist weder in DIN 4108 beschrieben noch in der EnEV gefordert.

Hinsichtlich der Luftdichtheit wird auf Frage 114 verwiesen.

Frage 114:

Welche Anforderungen stellt die EnEV an die Luftdichtheit?

Antwort:

Die EnEV verlangt, dass Neubauten eine dauerhaft luftdichte Gebäudehülle aufweisen. Dabei sind die anerkannten Regeln der Technik zu beachten (§ 6 EnEV).

Der Stand der Technik ist hierbei nicht maßgeblich. Denn ihm fehlt regelmäßig die allgemeine Akzeptanz in der Fachwelt und vor allen Dingen die langjährige Bewährung in der Baupraxis.

Beispiel: Die Verklebung der Luftdichtheitsfolie/Dampfbremse am Giebelmauerwerk mittels eines neu entwickelten Klebers ist Stand der Technik. Das luftdichte Anpressen mittels Kompriband und Presslatte ist dagegen anerkannte Regel der Technik.

Wenn die Ausführung nach Stand der Technik erfolgen soll, bedarf dies der ausdrücklichen vertraglichen Vereinbarung. Ansonsten ist die Ausführung nach anerkannter Regel der Technik geschuldet.

Diese Auslegung steht im Widerspruch zur offiziellen Auslegung durch die Fachkommission „Bautechnik" der Bauministerkonferenz (9. Auslegungsstaffel zur EnEV 2007). Der Autor vertritt sie dennoch.

Zur Prüfung der Luftdichtheit siehe Frage 55.

Frage 115:

Welcher U-Wert gilt bei Gefälledächern?

Antwort:

Der U-Wert eines Flachdaches mit Gefälledämmung (bis ca. 5 % Keilgefälle) ist nach DIN EN ISO 6946 Anhang C zu berechnen.

Dazu wird die Dachdraufsicht in Flächenelemente aufgeteilt, für die jeweils der U-Wert nach den in der Norm angegebenen Formeln berechnet wird. Abschließend werden die U-Werte der Flächenelemente zum Gesamt-U-Wert des Daches flächenanteilig gemittelt.

Die Berechnung des U-Wertes eines Gefälledaches mit dem arithmetischen Mittelwert der Dämmstoffdicke ist unzulässig und führt zu fehlerhaften Ergebnissen.

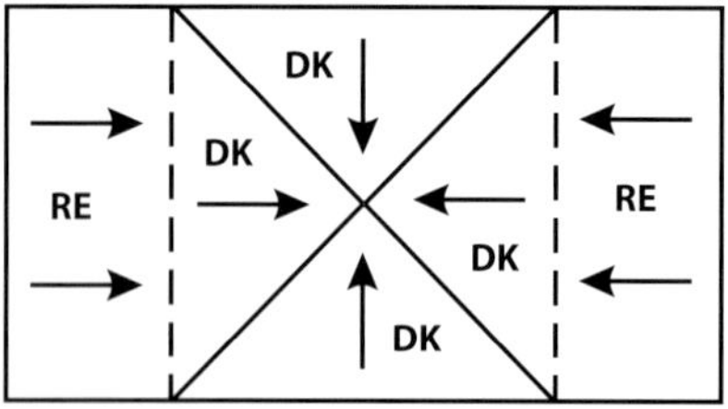

Abb 2.11: Draufsicht eines Gefälledaches mit Einteilung in Teilflächen des Typs „RE" und „DK"

Frage 116:

Darf eine Dachbegrünung auf den U-Wert angerechnet werden?

Antwort:

Unter bestimmten Voraussetzungen: ja.

Normalerweise werden Bauteilschichten außenseits der Abdichtung nicht bei der U-Wert-Berechnung berücksichtigt. Von dieser Regel gibt es einige Ausnahmen: Wenn geeignete Dämmstoffe mit bauaufsichtlicher Zulassung (oder Zulassung im Einzelfall) oberhalb der Abdichtung verlegt werden, dürfen diese bei der U-Wert-Berechnung gemäß den Vorgaben der Zulassung angesetzt werden.

Dies gilt z.B. für Umkehrdächer (XPS-Wärmedämmung außenseits der Abdichtung), aber auch für einige dämmende Dränageelemente von Dachbegrünungen.

Darüber hinaus dürfen ohne ausdrückliche Zulassung keine Schichten der Begrünung berücksichtigt werden. Nichtsdestotrotz wirkt eine Begrünung wärmedämmend und -speichernd - das darf rechnerisch nur nicht berücksichtigt werden.

Frage 117:

Dürfen für Dachfenster U-Werte U_{DFF} nach DIN 52619 verwendet werden?

Antwort:

Nein.

Als U-Werte für öffentlich-rechtliche Wärmeschutznachweise (Nachweis der Einhaltung der EnEV) dürfen nur U_W-Werte verwendet werden, die nach DIN EN ISO 12567-2 ermittelt wurden.

Hintergrund: Der U_{DFF}-Wert bezieht sich, im Gegensatz zum U_W-Wert, nicht auf die eigentliche Fensterfläche in Dachebene (Blendrahmen-Außenmaß), sondern auf die lichte Blendrahmenöffnung (Innenmaße) zuzüglich der Blendrahmen-Laibungsfläche.

Heute ist die Angabe von U_{DFF}-Werten nicht mehr üblich. Allerdings waren diese bis zum Inkrafttreten der EnEV 2002 verbreitet. Bei der Bewertung älterer Dachfenster ist insofern Vorsicht geboten, wenn mit den seinerzeitigen Produktangaben gearbeitet wird.

2.7 Anlagentechnik

Frage 118:

Dürfen einzelne Nachtspeicheröfen bei Defekt ersetzt werden?

Antwort:

Grundsätzlich ja.

Wenn ein Gebäude nicht von der Pflicht zur Außerbetriebnahme von Elektrospeicherheizungen betroffen ist (*siehe hierzu Frage 82*), dürfen einzelne defekte Speicheröfen oder auch die gesamte Heizungsanlage unter Beibehaltung der Elektrospeichertechnik ersetzt werden.

Wenn ein Gebäude von der oben genannten Pflicht betroffen ist, steht dem Austausch einzelner Speicheröfen Anlage 4a EnEV im Weg: Demnach darf nur Heiztechnik mit einer primärenergetischen Effizienz eingebaut werden, die mit Elektrospeicherheiztechnik nie erreicht werden kann. Dies liegt weniger an mangelnder Effizienz der Heizung, sondern vielmehr an der Tatsache, dass Strom mit einem Primärenergiefaktor von 2,7 primärenergetisch sehr schlecht abschneidet.

Allerdings dürfte die Härtefallregelung nach § 25 EnEV hier greifen: Wenn ein Nachtspeicherofen nicht ausgetauscht werden darf, müsste, damit die Wohnung weiterhin ausreichend beheizt werden kann, stattdessen das ganze Heizsystem ersetzt werden. Das wiederum mag wirtschaftlich nicht vertretbar sein, *siehe hierzu auch Frage 33.*

Frage 119:

Müssen warm gehende Rohrleitungen auch dann gedämmt werden, wenn sie in einer Bauteildämmschicht (z.B. in der Wärmedämmung der Unterseite einer Kellerdecke) verlegt werden?

Antwort:

Theoretisch ja. Die EnEV verlangt die Dämmung von Rohrleitungen, unabhängig von anderen, möglicherweise ebenfalls wärmedämmenden Bauteilschichten.

Dies kann im Einzelfall allerdings zu unwirtschaftlichen Ausführungsvarianten führen: Die Wärmeverteilleitungen an der Unterseite der Kellerdecke müssten separat gedämmt werden. Anschließend muss dann mit einer Wärmedämmung der Deckenunterseite um diese Rohrleitungsdämmung herum gedämmt werden.

Hier greift im Einzelfall die Härtefallregelung nach § 25 EnEV, weil die Anforderung wirtschaftlich nicht vertretbar ist (*siehe dazu Frage 33*).

Bei Verzicht auf eine separate Rohrleitungsdämmung muss allerdings sichergestellt sein (und strenggenommen auch rechnerisch nachgewiesen werden), dass die Wärmeverluste der Rohrleitungen beim Einpacken in die Dämmschicht der Kellerdecke nicht größer sind als bei Einbau der eigentlich vorgeschriebenen konzentrischen Rohrleitungsdämmung.

Frage 120:

Darf die Wärmedämmung einer warm gehenden Rohrleitung auch mit einer nicht konzentrischen Dämmschicht erfolgen?

Antwort:

Ja. Dabei muss aber sichergestellt sein, dass die Wärmeverluste mit nicht konzentrischer Dämmschicht nicht größer sind als mit einer konzentrischen Dämmschicht der vorgeschriebenen Dicke (*siehe Tabelle 1.3 auf Seite 32*).

Nicht konzentrische Rohrleitungsdämmungen bedürfen deshalb eines Gleichwertigkeitsnachweises. Dieser wird im Rahmen der bauaufsichtlichen Zulassung der Dämmschicht durch den Hersteller erbracht.

Beim Einbau solcher Rohrleitungsdämmungen sind die Angaben des Herstellers zu beachten, insbesondere hinsichtlich der Ausrichtung der Dämmung gegen die Kaltseite.

Frage 121:

Fordert die EnEV in Wohngebäuden den Einsatz von Lüftungsanlagen?

Antwort:

Nein.

Die EnEV fordert lediglich, dass der zum Zwecke der Gesundheit (Hygiene) und Beheizung (z.B. Verbrennungsluft für Kaminofen) erforderliche Mindestluftwechsel sichergestellt wird (§ 6 EnEV).

Die Forderung findet sich nicht umsonst unmittelbar im Anschluss an die Forderung einer luftdichten Gebäudehülle. Mit zunehmender Dichtheit der Gebäude wächst die Bedeutung einer gezielten Lüftung, wenn nicht Schimmelbildung oder andere Probleme auftreten sollen.

In Deutschland werden nach wie vor die meisten Wohngebäude ohne mechanische Lüftung geplant und gebaut. Der erforderliche Luftwechsel ist in diesen Gebäuden vom Bewohner sicherzustellen, etwa durch Fensterlüftung. In vielen Wohngebäuden ist heute jedoch tagsüber niemand anwesend, der lüften könnte. Darüber hinaus sind den meisten Bewohnern die physikalischen Gesetzmäßigkeiten korrekter Fensterlüftung nicht bekannt.

Daraus ergibt sich zwangsläufig, dass eine mechanische Lüftungsanlage bei dichter Bauweise und zeittypischem Wohnverhalten der einzig sichere Weg zur Vermeidung von Schäden ist, die aus mangelnder Lüftung resultieren.

Die EnEV 2009 stattet das Referenzgebäude gleichwohl mit einer zentralen Abluftanlage aus, die damit aber nicht zur Pflicht wird. *Siehe hierzu Frage 65.*

Frage 122:

Unter welcher Voraussetzung kann die Wärmerückgewinnung von Lüftungsanlagen im EnEV-Nachweis berücksichtigt werden?

Antwort:

Die EnEV nennt dazu 2 Voraussetzungen:

- Die Luftdichtheit des Gebäudes muss mittels Blower-Door-Test nachgewiesen werden.
- Der mit der Anlage erreichte Luftwechsel muss ausreichend sein (*siehe Frage 121*).

Auch für den einwandfreien Betrieb von Lüftungsanlagen ohne Wärmerückgewinnung bedarf es einer ausreichenden Dichtheit des Gebäudes. Deshalb sollte bei allen Gebäuden mit Lüftungsanlage ein Blower-Door-Test als qualitätssichernde Maßnahme eingeplant und durchgeführt werden.

Frage 123:

Müssen alle Klimageräte regelmäßig inspiziert werden?

Antwort:

Nein.

Die EnEV verlangt lediglich die regelmäßige Inspektion (alle 10 Jahre) von eingebauten Anlagen mit einer Kühl-Nennleistung von mehr als 12 kW (§ 12 EnEV).

Kleinere Klimageräte, die in Wohngebäuden gelegentlich zum Kühlen einzelner Räume eingesetzt werden, sind hiervon also nicht betroffen. Sie sind zum einen nicht eingebaut und haben zum anderen wesentlich geringere Nennleistungen.

Davon abgesehen ist eine regelmäßige Funktionsprüfung und Überprüfung der energetischen Effizienz auch bei kleineren Klimageräten sinnvoll.

3 Vereinfachte energetische Betrachtungen

Der EnEV liegen Gutachten zugrunde, die die wirtschaftliche Vertretbarkeit der Anforderungen belegen: Der finanzielle Aufwand beispielsweise einer Wärmedämmung wird durch die zu erwartenden Einsparungen erwirtschaftet. Wo das im Einzelfalle nicht zutrifft, liegt ein Grund für einen Antrag auf Befreiung nach § 25 EnEV vor (*siehe Frage 33 auf Seite 66*).

Die erfolgreiche Umsetzung der EnEV scheitert insbesondere im Altbaubereich häufig daran, dass eine zentrale Frage des Bauherrn unbeantwortet bleibt:

Was bringt mir die Einhaltung der EnEV?

Energieberater befassen sich intensiv genau mit dieser Frage. Dazu wird meist das Gebäude im Istzustand komplett energetisch bewertet und der Energiebedarf ermittelt. Dann werden Sanierungsvarianten erarbeitet und dem Istzustand gegenübergestellt. Die Sanierungsmaßnahmen werden hinsichtlich ihrer Amortisationsdauer untersucht. Am Ende der Überlegungen stehen wenige Zahlen: Energieeinsparung, Kosten, Amortisation. Der Aufwand für eine professionelle Energieberatung ist nicht unerheblich und dürfte sich bei kleineren, anstehenden Bauteilsanierungen kaum rechnen.

Nachfolgende Betrachtungen helfen bei der Initialberatung des Bauherrn bzw. Entscheiders.

Die berechneten Einsparungen sind Minderungen des rechnerischen Bedarfs, bezogen auf normiertes Nutzerverhalten. Dynamische Faktoren, nämlich Zinsen und Preissteigerungen, bleiben vernachlässigt (statisches Verfahren).

Die tatsächlichen Verbrauchsminderungen hängen von weiteren, in den Berechnungen nicht berücksichtigten Faktoren ab und können mitunter erheblich von den berechneten Werten abweichen. Der Bauherr ist hierüber zu informieren.

3.1 Wärmedämmung von Außenbauteilen

Die zusätzliche Dämmung eines vorhandenen Außenbauteils verringert die Transmissionswärmeverluste (Wärmeleitung) durch dieses Bauteil. Für die bauteilbezogenen Transmissionswärmeverluste gelten folgende Formeln:

Heizungsbetrieb ohne Nachtabschaltung:

$$Q_{\text{Bauteil}} = F_{\text{GT}} \cdot f_{\text{xi, Bauteil}} \cdot A_{\text{Bauteil}} \cdot U_{\text{Bauteil}}$$

Heizungsbetrieb mit Nachtabschaltung:

$$Q_{\text{Bauteil}} = 0{,}95 \cdot F_{\text{GT}} \cdot f_{\text{xi, Bauteil}} \cdot A_{\text{Bauteil}} \cdot U_{\text{Bauteil}}$$

mit

Q_{Bauteil} = Transmissionswärmeverlust bauteilbezogen in kWh/a
F_{GT} = Gradtagzahlfaktor für die Heizperiode (*siehe Tabelle 3.1 auf Seite 163*)
$f_{\text{xi, Bauteil}}$ = Temperaturkorrekturfaktor (*siehe Tabelle 3.2 auf Seite 165*)
A_{Bauteil} = wärmeübertragende Fläche des Bauteils in m²
U_{Bauteil} = U-Wert des Bauteils in W/(m² · K)

Das Verfahren eignet sich für Wohngebäude und Nichtwohngebäude, die hinsichtlich Nutzung und Temperaturniveau mit Wohngebäuden vergleichbar sind.

Tabelle 3.1: Gradtagzahlfaktoren F_{GT} für Wohngebäude[1)]

		Wärmeschutzniveau des Gebäudes insgesamt		
		altbautypisch (Heizgrenze 15 °C)	WSchV 95[2)] / EnEV (Heizgrenze 12 °C)	Passivhaus[3)] (Heizgrenze 10 °C)
Ort/Region	*Deutschland (Referenzklima)*	*86,4*	*79,2*	*69,6*
	Arkona	94,2	86,7	81,2
	Braunschweig	87,2	79,9	73,9
	Cham	95,4	89,2	82,9
	Chemnitz	95,8	89,1	82,8
	Dresden	87,0	80,4	74,9
	Erfurt	95,5	88,5	82,6
	Essen	81,1	73,6	67,1
	Frankfurt/M.	81,0	74,6	69,4
	Freiburg	73,4	67,1	61,4
	Freudenstadt	107,0	101,0	94,6
	Garmisch-Partenk.	105,5	99,3	93,1
	Geisenheim	79,0	72,2	66,9
	Hamburg	88,5	81,0	74,9
	Hannover	86,9	79,5	73,5
	Harzgerode	104,8	97,9	91,1
	Hof	109,0	103,1	96,5
	Husum	94,1	85,0	78,9
	Kassel	86,7	79,6	73,8
	Kiel	89,9	82,1	75,7
	Köln	79,5	72,5	66,3
	Konstanz	86,0	79,9	74,5
	Leipzig	85,9	79,2	73,7
	Lüdenscheid	95,9	89,1	82,0
	Mannheim	76,3	70,2	65,1

Fortsetzung Tabelle 3.1: Gradtagzahlfaktoren F_{GT} für Wohngebäude[1)]

		Wärmeschutzniveau des Gebäudes insgesamt		
		altbautypisch (Heizgrenze 15 °C)	WSchV 95[2)] / EnEV (Heizgrenze 12 °C)	Passivhaus[3)] (Heizgrenze 10 °C)
Ort/Region	München	95,0	88,8	82,7
	Münster	81,9	74,3	68,2
	Norderney	84,1	76,2	70,2
	Nürnberg	89,0	82,9	77,3
	Oberstdorf	110,6	104,4	98,6
	Passau	95,2	88,9	83,0
	Potsdam	89,1	82,4	77,0
	Saarbrücken	86,7	80,0	73,8
	Schwerin	91,2	83,7	78,2
	Stuttgart	87,8	81,4	75,5
	Teterow	93,6	86,3	80,9
	Trier	85,1	78,1	71,7
	Warnemünde	89,7	82,3	76,8
	Wittenberg	88,9	82,3	77,0
	Würzburg	86,1	79,5	73,9

1) Werte wurden in Anlehnung an DIN 4108-6 ermittelt.

2) WSchV 95 = Wärmeschutzverordnung von 1995

3) allgemein: Gebäude, deren Heizwärmebedarf deutlich unter dem Standardneubau nach EnEV liegt

Tabelle 3.2: Temperaturkorrekturfaktoren f_{xi} für Bauteile (nach EnEV, Anlage 1, Tabelle 3)

Zeile	Bauteil[1), 2)]	Faktor f_{xi}
1	Außenwand, Haustüre	1,0
2	Fenster, Fenstertüren	1,0
3	Dach/Decke gegen Außenluft als Systemgrenze (nach oben oder unten)	1,0
4	Oberste Geschossdecke gegen unbeheizten Dachraum als Systemgrenze	0,8
5	Abseitenwand gegen unbeheizten Dachraum als Systemgrenze	0,8
6	Unterer Gebäudeabschluss • Kellerdecke/-wände gegen unbeheizte Kellerräume • Fußboden auf Erdreich • Begrenzungsflächen des beheizten Kellers gegen Erdreich	0,6
7	Wände und Decken zu unbeheizten Räumen (ausgenommen Zeilen 4 bis 6)	0,5

1) Das Bauteil ist dann Systemgrenze, wenn es Teil der wärmeübertragenden Umfassungsfläche (Teil der thermischen Hülle) ist.

2) Für Türen bzw. Deckenklappen in der wärmeübertragenden Umfassungsfläche gilt der gleiche Temperaturkorrekturfaktor wie für das Bauteil, das von der Türe bzw. Deckenklappe unterbrochen wird.

Beispiel 1:

Die Kellerdecke eines Mehrfamilienhauses (Keller unbeheizt) hat eine wärmeübertragende Fläche von 240 m² und soll von unten gedämmt werden. Der U-Wert beträgt im Istzustand 0,88, im sanierten Zustand 0,30 W/(m² · K). (Der Anforderungswert der EnEV liegt bei 0,40; *siehe Diagramm 1.6 auf Seite 29.*)

Das Gebäude steht in Köln und verfügt im Istzustand insgesamt über ein schlechtes Wärmeschutzniveau (altbautypisch). Durch die Dämmung der Kellerdecke allein ändert sich das nicht wesentlich, sodass auch im sanierten Zustand ein altbautypisches Wärmeschutzniveau anzusetzen ist.

Die Heizung (Heizöl-Niedertemperaturkessel) wird ohne Nachtabschaltung betrieben.

Welche jährliche Energieeinsparung ist zu erwarten?

Lösung:

Bauteilbezogener Transmissionswärmeverlust im Istzustand:

$$\begin{aligned} Q_{\text{Kellerdecke, alt}} &= F_{\text{GT, alt}} \cdot f_{\text{xi, Kellerdecke}} \cdot A_{\text{Kellerdecke}} \cdot U_{\text{Kellerdecke, alt}} \\ &= 79{,}5 \cdot 0{,}6 \cdot 240{,}0 \cdot 0{,}88 \\ &= 10.074 \text{ kWh/a} \end{aligned}$$

Bauteilbezogener Transmissionswärmeverlust nach Sanierung:

$$\begin{aligned} Q_{\text{Kellerdecke, neu}} &= F_{\text{GT, neu}} \cdot f_{\text{xi, Kellerdecke}} \cdot A_{\text{Kellerdecke}} \cdot U_{\text{Kellerdecke, neu}} \\ &= 79{,}5 \cdot 0{,}6 \cdot 240{,}0 \cdot 0{,}30 \\ &= 3.434 \text{ kWh/a} \end{aligned}$$

Die Einsparung beträgt also:

$$10.074 - 3.434 = 6.640 \text{ kWh/a}$$

Berücksichtigt man für 1 kWh (thermisch) vorsichtig Kosten in Höhe von 6 Cent, ergibt sich eine jährliche Einsparung von:

$$6.640 \cdot 0{,}06 = 398 \text{ €/a}$$

Beispiel 2:

Die Außenwand eines Einfamilienhauses hat eine wärmeübertragende Fläche von 180 m² und soll mittels Wärmedämmverbundsystem saniert werden. Der U-Wert beträgt im Istzustand 1,06, im sanierten Zustand 0,24 W/(m² · K). (Dies entspricht exakt der Anforderung der EnEV; *siehe Diagramm 1.3 auf Seite 26*).

Das Gebäude steht in Freudenstadt/Schwarzwald und verfügt im Istzustand insgesamt über ein schlechtes Wärmeschutzniveau (altbautypisch); im sanierten Zustand wird in etwa das Wärmeschutzniveau nach Wärmeschutzverordnung von 1995 erreicht.

Die Heizung (Gasbrennwertkessel) wird mit Nachtabschaltung betrieben.

Welche jährliche Energieeinsparung ist zu erwarten?

Lösung:

Bauteilbezogener Transmissionswärmeverlust im Istzustand:

$$\begin{aligned} Q_{\text{Wand, alt}} &= 0{,}95 \cdot F_{\text{GT, alt}} \cdot f_{\text{xi, Wand}} \cdot A_{\text{Wand}} \cdot U_{\text{Wand, alt}} \\ &= 0{,}95 \cdot 107{,}0 \cdot 1{,}0 \cdot 180{,}0 \cdot 1{,}06 \\ &= 19.395 \text{ kWh/a} \end{aligned}$$

Bauteilbezogener Transmissionswärmeverlust nach Sanierung:

$$\begin{aligned} Q_{\text{Wand, neu}} &= 0{,}95 \cdot F_{\text{GT, neu}} \cdot f_{\text{xi, Wand}} \cdot A_{\text{Wand}} \cdot U_{\text{Wand, neu}} \\ &= 0{,}95 \cdot 101{,}0 \cdot 1{,}0 \cdot 180{,}0 \cdot 0{,}24 \\ &= 4.145 \text{ kWh/a} \end{aligned}$$

Die Einsparung beträgt also:

$$19.395 - 4.145 = 15.250 \text{ kWh/a}$$

Berücksichtigt man für 1 kWh (thermisch) vorsichtig Kosten in Höhe von 6 Cent, ergibt sich eine jährliche Einsparung von:

$$15.250 \cdot 0{,}06 = 915 \text{ €/a}$$

Beispiel 3:

Die mäßig gedämmte Kehlbalkendecke zwischen ausgebautem Dachgeschoss und unbeheiztem Dachraum eines Einfamilienhauses hat eine wärmeübertragende Fläche von 50 m^2 und einen U-Wert von 0,76 W/(m^2 · K). Die Dämmebene soll im Rahmen einer Dachsanierung mit Aufsparrendämmung nun in die Dachschräge verlegt und der ausgebaute Dachraum somit vergrößert werden. Die gedämmte Dachschräge, die die Kehlbalkendecke als Dämmebene ersetzt, hat eine Fläche von 65,3 m^2 und einen U-Wert von 0,18 W/(m^2 · K).

Die Kehlbalkendecke wird keine begehbare Decke, die Nutzfläche des Gebäudes wird also nicht vergrößert. Insofern gilt für das Dach ein zulässiger U-Wert von 0,24 W/(m² · K) (*siehe Diagramm 1.2 auf Seite 25 und Diagramm 1.5 auf Seite 28*). Dieser wird bewusst unterschritten.

Das Gebäude steht in der Nähe von Dresden und verfügt im Istzustand insgesamt über ein schlechtes Wärmeschutzniveau (altbautypisch); im sanierten Zustand wird Neubauniveau nach EnEV erreicht.

Die Heizung (Nahwärmeversorgung) wird mit Nachtabschaltung betrieben.

Welche jährliche Energieeinsparung ist zu erwarten?

Lösung:

Bauteilbezogener Transmissionswärmeverlust im Istzustand:

$$\begin{aligned} Q_{\text{Decke, alt}} &= 0{,}95 \cdot F_{\text{GT, alt}} \cdot f_{\text{xi, Decke}} \cdot A_{\text{Decke}} \cdot U_{\text{Decke, alt}} \\ &= 0{,}95 \cdot 87{,}0 \cdot 0{,}8 \cdot 50{,}0 \cdot 0{,}76 \\ &= 2.513 \text{ kWh/a} \end{aligned}$$

Bauteilbezogener Transmissionswärmeverlust nach Sanierung:

$$\begin{aligned} Q_{\text{Dach, neu}} &= 0{,}95 \cdot F_{\text{GT, neu}} \cdot f_{\text{xi, Dach}} \cdot A_{\text{Dach}} \cdot U_{\text{Dach, neu}} \\ &= 0{,}95 \cdot 80{,}4 \cdot 1{,}0 \cdot 65{,}3 \cdot 0{,}18 \\ &= 898 \text{ kWh/a} \end{aligned}$$

Die Einsparung beträgt also:

$$2.513 - 898 = 1.615 \text{ kWh/a}$$

Tabelle 3.3: Wärmedurchgangskoeffizient $U_{Leitung}$ für warmgehende Leitungen in W/(m · K)[1]

Außen-Ø in mm	Innen-Ø in mm	Material	Leitfähigkeit der Wärmedämmung $\lambda = 0{,}025$						
			Dicke der Wärmedämmung in mm						
			0[2]	10	20	30	40	50	100
10,0	8,0	Cu	0,314	0,124	0,092	0,078	0,070	0,064	0,051
10,2	6,2	Fe	0,320	0,126	0,093	0,079	0,070	0,065	0,052
12,0	10,0	Cu	0,377	0,138	0,101	0,084	0,075	0,069	0,054
13,5	8,9	Fe	0,424	0,148	0,107	0,089	0,079	0,072	0,056
15,0	13,0	Cu	0,471	0,159	0,113	0,094	0,083	0,076	0,058
17,2	12,6	Fe	0,540	0,173	0,122	0,100	0,088	0,080	0,061
18,0	16,0	Cu	0,565	0,179	0,125	0,103	0,090	0,082	0,062
21,3	16,1	Fe	0,669	0,201	0,138	0,112	0,098	0,088	0,066
22,0	19,0	Cu	0,691	0,205	0,141	0,114	0,099	0,090	0,067
26,9	21,7	Fe	0,845	0,237	0,159	0,128	0,110	0,099	0,073
28,0	25,0	Cu	0,880	0,244	0,163	0,131	0,113	0,101	0,074
33,7	27,3	Fe	1,059	0,281	0,185	0,146	0,125	0,111	0,080
35,0	32,0	Cu	1,100	0,289	0,190	0,149	0,127	0,113	0,082
42,0	39,0	Cu	1,319	0,334	0,215	0,168	0,142	0,125	0,089
42,2	36,0	Fe	1,326	0,335	0,216	0,168	0,142	0,126	0,089
48,3	41,9	Fe	1,517	0,374	0,238	0,184	0,155	0,136	0,095
54,0	50,0	Cu	1,696	0,411	0,259	0,199	0,166	0,145	0,100
60,3	53,1	Fe	1,894	0,450	0,281	0,215	0,178	0,156	0,106
64,0	60,0	Cu	2,011	0,474	0,294	0,224	0,186	0,162	0,109
76,0	72,0	Cu	2,388	0,550	0,337	0,254	0,209	0,181	0,120
76,1	68,9	Fe	2,391	0,550	0,337	0,254	0,209	0,181	0,120
88,9	80,9	Fe	2,793	0,631	0,383	0,286	0,234	0,201	0,131
89,0	85,0	Cu	2,796	0,632	0,383	0,286	0,234	0,201	0,131
108,0	103,0	Cu	3,393	0,752	0,450	0,333	0,270	0,231	0,148
114,3	105,3	Fe	3,591	0,791	0,472	0,349	0,282	0,241	0,153

1) Werte wurden in Anlehnung an VDI 2055 ermittelt.

2) ohne Wärmedämmung

Fortsetzung Tabelle 3.3: Wärmedurchgangskoeffizient $U_{Leitung}$ für warmgehende Leitungen in W/(m · K)[1)]

Außen-Ø in mm	Innen-Ø in mm	Material	Leitfähigkeit der Wärmedämmung λ = 0,030						
			Dicke der Wärmedämmung in mm						
			0[2)]	10	20	30	40	50	100
10,0	8,0	Cu	0,314	0,145	0,109	0,093	0,083	0,077	0,061
10,2	6,2	Fe	0,320	0,147	0,110	0,094	0,084	0,077	0,062
12,0	10,0	Cu	0,377	0,161	0,119	0,101	0,090	0,082	0,065
13,5	8,9	Fe	0,424	0,173	0,127	0,106	0,094	0,086	0,068
15,0	13,0	Cu	0,471	0,185	0,134	0,112	0,099	0,090	0,070
17,2	12,6	Fe	0,540	0,202	0,144	0,119	0,105	0,096	0,074
18,0	16,0	Cu	0,565	0,208	0,148	0,122	0,107	0,098	0,075
21,3	16,1	Fe	0,669	0,233	0,163	0,133	0,116	0,105	0,080
22,0	19,0	Cu	0,691	0,239	0,166	0,136	0,118	0,107	0,081
26,9	21,7	Fe	0,845	0,276	0,188	0,152	0,131	0,118	0,087
28,0	25,0	Cu	0,880	0,284	0,193	0,155	0,134	0,120	0,089
33,7	27,3	Fe	1,059	0,326	0,218	0,173	0,149	0,132	0,096
35,0	32,0	Cu	1,100	0,336	0,224	0,178	0,152	0,135	0,098
42,0	39,0	Cu	1,319	0,388	0,254	0,199	0,169	0,150	0,106
42,2	36,0	Fe	1,326	0,389	0,255	0,200	0,169	0,150	0,106
48,3	41,9	Fe	1,517	0,434	0,281	0,218	0,184	0,162	0,113
54,0	50,0	Cu	1,696	0,476	0,305	0,236	0,198	0,173	0,120
60,3	53,1	Fe	1,894	0,522	0,331	0,255	0,212	0,186	0,127
64,0	60,0	Cu	2,011	0,549	0,347	0,266	0,221	0,193	0,131
76,0	72,0	Cu	2,388	0,637	0,397	0,301	0,249	0,216	0,144
76,1	68,9	Fe	2,391	0,637	0,398	0,301	0,249	0,216	0,144
88,9	80,9	Fe	2,793	0,731	0,451	0,339	0,278	0,240	0,157
89,0	85,0	Cu	2,796	0,731	0,451	0,339	0,279	0,240	0,157
108,0	103,0	Cu	3,393	0,870	0,530	0,395	0,322	0,275	0,177
114,3	105,3	Fe	3,591	0,915	0,556	0,413	0,336	0,287	0,183

1) Werte wurden in Anlehnung an VDI 2055 ermittelt.

2) ohne Wärmedämmung

Fortsetzung Tabelle 3.3: Wärmedurchgangskoeffizient $U_{Leitung}$ für warmgehende Leitungen in W/(m · K)[1)]

Außen-Ø in mm	Innen-Ø in mm	Material	Leitfähigkeit der Wärmedämmung $\lambda = 0{,}035$						
			Dicke der Wärmedämmung in mm						
			0[2)]	10	20	30	40	50	100
10,0	8,0	Cu	0,314	0,165	0,126	0,107	0,097	0,089	0,071
10,2	6,2	Fe	0,320	0,167	0,127	0,108	0,097	0,090	0,072
12,0	10,0	Cu	0,377	0,183	0,137	0,116	0,104	0,096	0,076
13,5	8,9	Fe	0,424	0,197	0,146	0,123	0,109	0,100	0,079
15,0	13,0	Cu	0,471	0,210	0,154	0,129	0,115	0,105	0,082
17,2	12,6	Fe	0,540	0,229	0,166	0,138	0,122	0,111	0,086
18,0	16,0	Cu	0,565	0,236	0,170	0,141	0,125	0,113	0,087
21,3	16,1	Fe	0,669	0,264	0,188	0,154	0,135	0,122	0,093
22,0	19,0	Cu	0,691	0,270	0,191	0,157	0,137	0,124	0,094
26,9	21,7	Fe	0,845	0,312	0,217	0,175	0,152	0,137	0,102
28,0	25,0	Cu	0,880	0,321	0,222	0,180	0,155	0,140	0,103
33,7	27,3	Fe	1,059	0,369	0,251	0,200	0,172	0,154	0,112
35,0	32,0	Cu	1,100	0,380	0,257	0,205	0,176	0,157	0,114
42,0	39,0	Cu	1,319	0,438	0,291	0,230	0,196	0,174	0,124
42,2	36,0	Fe	1,326	0,439	0,292	0,231	0,196	0,174	0,124
48,3	41,9	Fe	1,517	0,490	0,322	0,252	0,213	0,188	0,132
54,0	50,0	Cu	1,696	0,537	0,350	0,272	0,229	0,201	0,140
60,3	53,1	Fe	1,894	0,589	0,380	0,294	0,246	0,215	0,148
64,0	60,0	Cu	2,011	0,619	0,398	0,306	0,256	0,224	0,152
76,0	72,0	Cu	2,388	0,717	0,455	0,347	0,288	0,250	0,167
76,1	68,9	Fe	2,391	0,718	0,456	0,348	0,288	0,250	0,167
88,9	80,9	Fe	2,793	0,823	0,516	0,391	0,322	0,278	0,183
89,0	85,0	Cu	2,796	0,824	0,517	0,391	0,322	0,278	0,183
108,0	103,0	Cu	3,393	0,979	0,607	0,455	0,372	0,319	0,205
114,3	105,3	Fe	3,591	1,031	0,637	0,476	0,388	0,333	0,213

1) Werte wurden in Anlehnung an VDI 2055 ermittelt.

2) ohne Wärmedämmung

Fortsetzung Tabelle 3.3: Wärmedurchgangskoeffizient $U_{Leitung}$ für warmgehende Leitungen in W/(m · K)[1]

Außen-Ø in mm	Innen-Ø in mm	Material	Leitfähigkeit der Wärmedämmung λ = 0,040						
			Dicke der Wärmedämmung in mm						
			0[2]	10	20	30	40	50	100
10,0	8,0	Cu	0,314	0,184	0,142	0,122	0,110	0,102	0,082
10,2	6,2	Fe	0,320	0,186	0,143	0,123	0,111	0,102	0,082
12,0	10,0	Cu	0,377	0,204	0,155	0,132	0,118	0,109	0,086
13,5	8,9	Fe	0,424	0,219	0,165	0,139	0,124	0,114	0,090
15,0	13,0	Cu	0,471	0,234	0,174	0,146	0,130	0,119	0,093
17,2	12,6	Fe	0,540	0,255	0,187	0,157	0,139	0,126	0,098
18,0	16,0	Cu	0,565	0,262	0,192	0,160	0,141	0,129	0,099
21,3	16,1	Fe	0,669	0,294	0,212	0,175	0,153	0,139	0,106
22,0	19,0	Cu	0,691	0,300	0,216	0,178	0,156	0,141	0,107
26,9	21,7	Fe	0,845	0,346	0,244	0,199	0,173	0,156	0,116
28,0	25,0	Cu	0,880	0,356	0,250	0,203	0,176	0,159	0,118
33,7	27,3	Fe	1,059	0,409	0,282	0,227	0,195	0,175	0,128
35,0	32,0	Cu	1,100	0,421	0,289	0,232	0,200	0,178	0,130
42,0	39,0	Cu	1,319	0,485	0,328	0,260	0,222	0,197	0,141
42,2	36,0	Fe	1,326	0,487	0,329	0,261	0,223	0,198	0,141
48,3	41,9	Fe	1,517	0,542	0,362	0,285	0,242	0,214	0,151
54,0	50,0	Cu	1,696	0,594	0,393	0,307	0,259	0,228	0,159
60,3	53,1	Fe	1,894	0,651	0,427	0,332	0,279	0,245	0,168
64,0	60,0	Cu	2,011	0,684	0,447	0,346	0,290	0,254	0,174
76,0	72,0	Cu	2,388	0,793	0,511	0,392	0,326	0,284	0,191
76,1	68,9	Fe	2,391	0,794	0,512	0,393	0,327	0,284	0,191
88,9	80,9	Fe	2,793	0,909	0,580	0,441	0,365	0,316	0,208
89,0	85,0	Cu	2,796	0,910	0,580	0,442	0,365	0,316	0,208
108,0	103,0	Cu	3,393	1,081	0,681	0,513	0,421	0,362	0,234
114,3	105,3	Fe	3,591	1,138	0,714	0,537	0,440	0,377	0,242

1) Werte wurden in Anlehnung an VDI 2055 ermittelt.

2) ohne Wärmedämmung

Fortsetzung Tabelle 3.3: Wärmedurchgangskoeffizient $U_{Leitung}$ für warmgehende Leitungen in W/(m · K)[1]

Außen-Ø in mm	Innen-Ø in mm	Material	Leitfähigkeit der Wärmedämmung λ = 0,045						
			Dicke der Wärmedämmung in mm						
			0[2]	10	20	30	40	50	100
10,0	8,0	Cu	0,314	0,202	0,158	0,136	0,123	0,114	0,092
10,2	6,2	Fe	0,320	0,204	0,159	0,137	0,124	0,115	0,092
12,0	10,0	Cu	0,377	0,224	0,172	0,148	0,132	0,122	0,097
13,5	8,9	Fe	0,424	0,240	0,183	0,156	0,139	0,128	0,101
15,0	13,0	Cu	0,471	0,256	0,193	0,163	0,146	0,134	0,105
17,2	12,6	Fe	0,540	0,279	0,208	0,175	0,155	0,142	0,110
18,0	16,0	Cu	0,565	0,287	0,213	0,179	0,158	0,145	0,112
21,3	16,1	Fe	0,669	0,321	0,235	0,195	0,172	0,156	0,119
22,0	19,0	Cu	0,691	0,328	0,239	0,198	0,174	0,158	0,120
26,9	21,7	Fe	0,845	0,378	0,270	0,222	0,193	0,174	0,130
28,0	25,0	Cu	0,880	0,389	0,277	0,227	0,197	0,178	0,132
33,7	27,3	Fe	1,059	0,446	0,313	0,253	0,218	0,196	0,143
35,0	32,0	Cu	1,100	0,459	0,321	0,259	0,223	0,200	0,146
42,0	39,0	Cu	1,319	0,529	0,363	0,290	0,248	0,221	0,158
42,2	36,0	Fe	1,326	0,531	0,364	0,291	0,249	0,221	0,158
48,3	41,9	Fe	1,517	0,591	0,401	0,317	0,270	0,239	0,169
54,0	50,0	Cu	1,696	0,647	0,435	0,342	0,290	0,256	0,179
60,3	53,1	Fe	1,894	0,709	0,472	0,369	0,311	0,273	0,189
64,0	60,0	Cu	2,011	0,746	0,494	0,385	0,324	0,284	0,195
76,0	72,0	Cu	2,388	0,864	0,565	0,436	0,364	0,317	0,214
76,1	68,9	Fe	2,391	0,865	0,566	0,437	0,364	0,318	0,214
88,9	80,9	Fe	2,793	0,990	0,641	0,491	0,407	0,353	0,234
89,0	85,0	Cu	2,796	0,991	0,641	0,491	0,407	0,353	0,234
108,0	103,0	Cu	3,393	1,177	0,752	0,571	0,470	0,405	0,262
114,3	105,3	Fe	3,591	1,239	0,789	0,597	0,490	0,422	0,272

[1] Werte wurden in Anlehnung an VDI 2055 ermittelt.

[2] ohne Wärmedämmung

3.2 Wärmedämmung von Leitungen

Ungedämmte Wärmeverteil- und Warmwasserleitungen, die außerhalb der thermischen Hülle verlaufen (also z.B. im unbeheizten Keller), verursachen erhebliche Energieverluste.

Das nachträgliche Dämmen solcher Leitungen ist in aller Regel wirtschaftlich und amortisiert sich in wenigen Jahren. Deshalb enthält die EnEV für diesen Fall eine Nachrüstpflicht, die unabhängig von ohnehin durchzuführenden Arbeiten zu erfüllen ist (*siehe Frage 80 auf Seite 119*).

Die Berechnung der möglichen Einsparungen gestaltet sich etwas schwieriger als bei der Wärmedämmung von Bauteilen. Ein vereinfachter Weg führt dennoch schnell zum Ziel, wenn man gewisse Ungenauigkeiten in Kauf nimmt.

3.2.1 Wärmeverluste von Warmwasserleitungen

Warmwasserleitungen haben stetige Wärmeverluste, wenn die Wassertemperatur in der Leitung in etwa konstant ist. Dies ist der Fall, wenn entweder laufend Warmwasser gezapft wird oder wenn die Umlauftemperatur mittels Zirkulationspumpe stabil gehalten wird. Für die jährlichen Wärmeverluste solcher Warmwasserleitungen gilt:

$$Q_{\mathrm{WWL}} = \frac{t_{\mathrm{V}} \cdot \Delta\vartheta \cdot l \cdot U_{\mathrm{Leitung}}}{1.000}$$

mit

Q_{WWL} = jährlicher Wärmeverlust in kWh/a
t_{V} = jährliche Vorhaltezeit in h

$\Delta\vartheta$ = mittlere Temperaturdifferenz zwischen Warmwasser und umgebender Luft in K
l = Länge der Leitung in m
$U_{Leitung}$ = Wärmedurchgangskoeffizient der Leitung in W/(m · K) (*siehe Tabelle 3.3 auf Seite 170*)

Die mittlere Temperaturdifferenz zwischen Warmwasser und umgebender Luft hängt von verschiedenen Faktoren ab. Häufig ist eine Annahme von 50 K vertretbar (60 °C Wassertemperatur, 10 °C Lufttemperatur-Jahresmittel im unbeheizten Keller).

Bei Einfamilienhäusern mit einer täglichen Zirkulationsdauer von 18 Stunden und 350 Tagen Betrieb ergibt sich eine jährliche Vorhaltezeit von 6.300 Stunden, bei Mehrfamilienhäusern und anderen Gebäuden mit ganzjähriger Warmwasserversorgung und 18 Stunden täglicher Zirkulationsdauer von 6.570 Stunden.

Sommerliche Abschaltung, etwa aufgrund des Vorhandenseins einer solaren Trinkwassererwärmung, vermindert die Vorhaltezeit und muss bei der Berechnung berücksichtigt werden.

Beispiel 4:

Im unbeheizten Keller eines Mehrfamilienhauses befinden sich 32 m ungedämmte Warmwasserleitung mit einem Außendurchmesser von 35 mm. Die jährliche Vorhaltezeit (mit Zirkulation) beträgt 365 Tage à 18 Stunden, also 6.570 Stunden. Die mittlere Temperaturdifferenz zwischen Warmwasser und umgebender Luft beträgt 50 K (60 °C Wassertemperatur, 10 °C Lufttemperatur-Jahresmittel im unbeheizten Keller).

Die Leitungen sollen nunmehr genau nach Vorgabe der EnEV gedämmt werden (*siehe Tabelle 1.3 auf Seite 32*), also mit einer Wärmedämmung der Leitfähigkeit 0,035 und der Dicke 30 mm.

Welche jährliche Energieeinsparung ist zu erwarten?

Lösung:

Die jährlichen Wärmeverluste der Warmwasserleitungen betragen im Istzustand:

$$\begin{aligned} Q_{\text{WWL, alt}} &= \frac{t_{\text{V}} \cdot \Delta\vartheta \cdot l \cdot U_{\text{Leitung, alt}}}{1.000} \\ &= \frac{6.570 \cdot 50 \cdot 32{,}0 \cdot 1{,}100}{1.000} \\ &= 11.563 \text{ kWh/a} \end{aligned}$$

Die jährlichen Wärmeverluste sind im gedämmten Zustand:

$$\begin{aligned} Q_{\text{WWL, neu}} &= \frac{t_{\text{V}} \cdot \Delta\vartheta \cdot l \cdot U_{\text{Leitung, neu}}}{1.000} \\ &= \frac{6.570 \cdot 50 \cdot 32{,}0 \cdot 0{,}205}{1.000} \\ &= 2.155 \text{ kWh/a} \end{aligned}$$

Die Einsparung beträgt also:

11.563 − 2.155 = 9.408 kWh/a

Berücksichtigt man für eine kWh (thermisch) vorsichtig Kosten in Höhe von 6 Cent, ergibt sich eine jährliche Einsparung von:

9.408 · 0,06 = 564 €/a

Standardfall tabelliert:

Tabelle 3.4 ab Seite 179 enthält die jährlichen Wärmeverluste für 1 m Warmwasserleitung für folgende Vorgaben:

- 6.300 Stunden Vorhaltezeit (350 Tage à 18 Stunden),
- 50 K Temperaturdifferenz zwischen Wasser und Umgebung.

Um den jährlichen Gesamtwärmeverlust einer Leitung zu bestimmen, muss der passende Tabellenwert lediglich mit der Leitungslänge multipliziert werden.

Beispiel zur Anwendung der Tabelle:

7 m ungedämmte Warmwasserleitung (mit Zirkulation), Außendurchmesser 22 mm, im unbeheizten Keller eines Einfamilienhauses verlieren jährlich:

$$218 \cdot 7{,}0 = 1.526 \text{ kWh/a}$$

Tabelle 3.4: Jährlicher Wärmeverlust $Q_{WWL, 1 m}$ für Warmwasserleitungen in kWh/(m · a)[1)]

Außen-Ø in mm	Innen-Ø in mm	Material	Leitfähigkeit der Wärmedämmung $\lambda = 0{,}025$						
			Dicke der Wärmedämmung in mm						
			0[2)]	10	20	30	40	50	100
10,0	8,0	Cu	99	39	29	25	22	20	16
10,2	6,2	Fe	101	40	29	25	22	20	16
12,0	10,0	Cu	119	44	32	27	24	22	17
13,5	8,9	Fe	134	47	34	28	25	23	18
15,0	13,0	Cu	148	50	36	30	26	24	18
17,2	12,6	Fe	170	55	38	32	28	25	19
18,0	16,0	Cu	178	56	39	32	28	26	20
21,3	16,1	Fe	211	63	43	35	31	28	21
22,0	19,0	Cu	218	65	44	36	31	28	21
26,9	21,7	Fe	266	75	50	40	35	31	23
28,0	25,0	Cu	277	77	51	41	35	32	23
33,7	27,3	Fe	333	89	58	46	39	35	25
35,0	32,0	Cu	346	91	60	47	40	36	26
42,0	39,0	Cu	416	105	68	53	45	39	28
42,2	36,0	Fe	418	106	68	53	45	40	28
48,3	41,9	Fe	478	118	75	58	49	43	30
54,0	50,0	Cu	534	129	81	63	52	46	32
60,3	53,1	Fe	597	142	89	68	56	49	33
64,0	60,0	Cu	633	149	93	71	59	51	34
76,0	72,0	Cu	752	173	106	80	66	57	38
76,1	68,9	Fe	753	173	106	80	66	57	38
88,9	80,9	Fe	880	199	121	90	74	63	41
89,0	85,0	Cu	881	199	121	90	74	63	41
108,0	103,0	Cu	1069	237	142	105	85	73	46
114,3	105,3	Fe	1131	249	149	110	89	76	48

1) Werte wurden in Anlehnung an VDI 2055 ermittelt (6.300 Stunden Vorhaltezeit, 50 K Temperaturdifferenz zwischen Wasser und Umgebung).

2) ohne Wärmedämmung

Fortsetzung Tabelle 3.4: Jährlicher Wärmeverlust $Q_{WWL, 1 m}$ für Warmwasserleitungen in kWh/(m · a)[1)]

Außen-Ø in mm	Innen-Ø in mm	Material	Leitfähigkeit der Wärmedämmung λ = 0,030						
			Dicke der Wärmedämmung in mm						
			0[2)]	10	20	30	40	50	100
10,0	8,0	Cu	99	46	34	29	26	24	19
10,2	6,2	Fe	101	46	35	29	26	24	19
12,0	10,0	Cu	119	51	38	32	28	26	20
13,5	8,9	Fe	134	55	40	33	30	27	21
15,0	13,0	Cu	148	58	42	35	31	28	22
17,2	12,6	Fe	170	64	45	38	33	30	23
18,0	16,0	Cu	178	66	47	38	34	31	24
21,3	16,1	Fe	211	74	51	42	37	33	25
22,0	19,0	Cu	218	75	52	43	37	34	25
26,9	21,7	Fe	266	87	59	48	41	37	28
28,0	25,0	Cu	277	89	61	49	42	38	28
33,7	27,3	Fe	333	103	69	55	47	42	30
35,0	32,0	Cu	346	106	71	56	48	43	31
42,0	39,0	Cu	416	122	80	63	53	47	33
42,2	36,0	Fe	418	123	80	63	53	47	34
48,3	41,9	Fe	478	137	88	69	58	51	36
54,0	50,0	Cu	534	150	96	74	62	55	38
60,3	53,1	Fe	597	164	104	80	67	58	40
64,0	60,0	Cu	633	173	109	84	70	61	41
76,0	72,0	Cu	752	201	125	95	78	68	45
76,1	68,9	Fe	753	201	125	95	78	68	45
88,9	80,9	Fe	880	230	142	107	88	76	50
89,0	85,0	Cu	881	230	142	107	88	76	50
108,0	103,0	Cu	1069	274	167	124	101	87	56
114,3	105,3	Fe	1131	288	175	130	106	90	58

1) Werte wurden in Anlehnung an VDI 2055 ermittelt (6.300 Stunden Vorhaltezeit, 50 K Temperaturdifferenz zwischen Wasser und Umgebung).

2) ohne Wärmedämmung

Fortsetzung Tabelle 3.4: Jährlicher Wärmeverlust $Q_{WWL, 1 m}$ für Warmwasserleitungen in kWh/(m · a)[1]

Außen-Ø in mm	Innen-Ø in mm	Material	Leitfähigkeit der Wärmedämmung $\lambda = 0{,}035$						
			Dicke der Wärmedämmung in mm						
			0[2]	10	20	30	40	50	100
10,0	8,0	Cu	99	52	40	34	30	28	23
10,2	6,2	Fe	101	53	40	34	31	28	23
12,0	10,0	Cu	119	58	43	37	33	30	24
13,5	8,9	Fe	134	62	46	39	34	32	25
15,0	13,0	Cu	148	66	49	41	36	33	26
17,2	12,6	Fe	170	72	52	44	38	35	27
18,0	16,0	Cu	178	74	54	45	39	36	27
21,3	16,1	Fe	211	83	59	49	43	39	29
22,0	19,0	Cu	218	85	60	49	43	39	30
26,9	21,7	Fe	266	98	68	55	48	43	32
28,0	25,0	Cu	277	101	70	57	49	44	33
33,7	27,3	Fe	333	116	79	63	54	48	35
35,0	32,0	Cu	346	120	81	65	55	49	36
42,0	39,0	Cu	416	138	92	72	62	55	39
42,2	36,0	Fe	418	138	92	73	62	55	39
48,3	41,9	Fe	478	154	101	79	67	59	42
54,0	50,0	Cu	534	169	110	86	72	63	44
60,3	53,1	Fe	597	185	120	93	77	68	47
64,0	60,0	Cu	633	195	125	96	81	70	48
76,0	72,0	Cu	752	226	143	109	91	79	53
76,1	68,9	Fe	753	226	144	109	91	79	53
88,9	80,9	Fe	880	259	163	123	101	88	58
89,0	85,0	Cu	881	260	163	123	101	88	58
108,0	103,0	Cu	1069	308	191	143	117	101	65
114,3	105,3	Fe	1131	325	201	150	122	105	67

[1] Werte wurden in Anlehnung an VDI 2055 ermittelt (6.300 Stunden Vorhaltezeit, 50 K Temperaturdifferenz zwischen Wasser und Umgebung).

[2] ohne Wärmedämmung

Fortsetzung Tabelle 3.4: Jährlicher Wärmeverlust $Q_{WWL, 1 m}$ für Warmwasserleitungen in kWh/(m · a)[1]

Außen-Ø in mm	Innen-Ø in mm	Material	Leitfähigkeit der Wärmedämmung λ = 0,040						
			Dicke der Wärmedämmung in mm						
			0[2]	10	20	30	40	50	100
10,0	8,0	Cu	99	58	45	38	35	32	26
10,2	6,2	Fe	101	59	45	39	35	32	26
12,0	10,0	Cu	119	64	49	42	37	34	27
13,5	8,9	Fe	134	69	52	44	39	36	28
15,0	13,0	Cu	148	74	55	46	41	38	29
17,2	12,6	Fe	170	80	59	49	44	40	31
18,0	16,0	Cu	178	83	61	50	45	41	31
21,3	16,1	Fe	211	93	67	55	48	44	33
22,0	19,0	Cu	218	95	68	56	49	45	34
26,9	21,7	Fe	266	109	77	63	54	49	37
28,0	25,0	Cu	277	112	79	64	56	50	37
33,7	27,3	Fe	333	129	89	71	62	55	40
35,0	32,0	Cu	346	133	91	73	63	56	41
42,0	39,0	Cu	416	153	103	82	70	62	44
42,2	36,0	Fe	418	153	104	82	70	62	44
48,3	41,9	Fe	478	171	114	90	76	67	47
54,0	50,0	Cu	534	187	124	97	82	72	50
60,3	53,1	Fe	597	205	135	105	88	77	53
64,0	60,0	Cu	633	216	141	109	91	80	55
76,0	72,0	Cu	752	250	161	124	103	89	60
76,1	68,9	Fe	753	250	161	124	103	90	60
88,9	80,9	Fe	880	286	183	139	115	99	66
89,0	85,0	Cu	881	287	183	139	115	100	66
108,0	103,0	Cu	1069	341	214	162	133	114	74
114,3	105,3	Fe	1131	359	225	169	138	119	76

1) Werte wurden in Anlehnung an VDI 2055 ermittelt (6.300 Stunden Vorhaltezeit, 50 K Temperaturdifferenz zwischen Wasser und Umgebung).

2) ohne Wärmedämmung

Fortsetzung Tabelle 3.4: Jährlicher Wärmeverlust $Q_{WWL, 1 m}$ für Warmwasserleitungen in kWh/(m · a)[1]

Außen-Ø in mm	Innen-Ø in mm	Material	Leitfähigkeit der Wärmedämmung $\lambda = 0{,}045$						
			Dicke der Wärmedämmung in mm						
			0[2]	10	20	30	40	50	100
10,0	8,0	Cu	99	64	50	43	39	36	29
10,2	6,2	Fe	101	64	50	43	39	36	29
12,0	10,0	Cu	119	71	54	46	42	38	31
13,5	8,9	Fe	134	76	58	49	44	40	32
15,0	13,0	Cu	148	81	61	51	46	42	33
17,2	12,6	Fe	170	88	66	55	49	45	35
18,0	16,0	Cu	178	91	67	56	50	46	35
21,3	16,1	Fe	211	101	74	61	54	49	37
22,0	19,0	Cu	218	103	75	62	55	50	38
26,9	21,7	Fe	266	119	85	70	61	55	41
28,0	25,0	Cu	277	123	87	71	62	56	42
33,7	27,3	Fe	333	141	98	80	69	62	45
35,0	32,0	Cu	346	145	101	81	70	63	46
42,0	39,0	Cu	416	167	114	91	78	69	50
42,2	36,0	Fe	418	167	115	92	78	70	50
48,3	41,9	Fe	478	186	126	100	85	75	53
54,0	50,0	Cu	534	204	137	108	91	80	56
60,3	53,1	Fe	597	223	149	116	98	86	59
64,0	60,0	Cu	633	235	156	121	102	89	61
76,0	72,0	Cu	752	272	178	137	115	100	67
76,1	68,9	Fe	753	272	178	138	115	100	67
88,9	80,9	Fe	880	312	202	155	128	111	74
89,0	85,0	Cu	881	312	202	155	128	111	74
108,0	103,0	Cu	1069	371	237	180	148	127	83
114,3	105,3	Fe	1131	390	249	188	154	133	86

1) Werte wurden in Anlehnung an VDI 2055 ermittelt (6.300 Stunden Vorhaltezeit, 50 K Temperaturdifferenz zwischen Wasser und Umgebung).

2) ohne Wärmedämmung

3.2.2 Wärmeverluste von Wärmeverteilleitungen

Bei heizlastbedingten Schwankungen von Vor- und Rücklauftemperatur schwanken auch die Wärmeverluste von Wärmeverteilleitungen (Heizwasserleitungen). Im Übrigen treten Wärmeverluste von Wärmeverteilleitungen, anders als Wärmeverluste von Warmwasserleitungen, nur während der Heizperiode auf.

Eine detaillierte Betrachtung ist aufwendig und daher für die Erstberatung wenig praktikabel. Deshalb werden hier folgende Vereinfachungen vorgenommen:

Die Heizperiode beträgt

- 275 Tage bei altbautypischem Wärmeschutzniveau,
- 220 Tage bei Wärmeschutzniveau nach WSchV 95/EnEV,
- 185 Tage bei Wärmeschutzniveau deutlich besser als EnEV.

Diese Annahme entspricht dem Referenzklima für Deutschland (*Siehe zum Wärmeschutzniveau auch Tabelle 3.1 auf Seite 163*).

Aus den Heiztagen multipliziert mit der täglichen Heizzeit (Nachtabschaltung berücksichtigen!) ergibt sich die Dauer der Heizperiode in Stunden.

Die über die Heizperiode gemittelte Wassertemperatur für den Heizkreis (Mittel aus Vor- und Rücklauf) ergibt sich für Standard-Auslegungstemperaturen aus *Tabelle 3.5 auf Seite 185*. Bei abweichender Auslegung ist ein Heizungsfachmann zu konsultieren.

Die mittlere Lufttemperatur im unbeheizten Keller während der Heizperiode kann i.d.R. mit 7 °C angenommen werden.

Tabelle 3.5: Heizkreistemperatur und Temperaturdifferenz zur Umgebungsluft (7 °C) in Anlehnung an DIN V 4701-12

Auslegungstemperatur des Heizkreises	**Wärmeabgabe**	**mittlere Heizkreistemperatur $\vartheta_{HK,m}$**	**mittlere Temperaturdifferenz zwischen Heizkreis und Umgebung $\Delta\vartheta_{HK}$**
90/70 °C	Radiatoren	52 °C	45 K
70/55 °C	Radiatoren	43 °C	36 K
55/45 °C	Radiatoren	36 °C	29 K
35/28 °C	Fußbodenheizung	25 °C	18 K

Die Differenz der mittleren Heizkreistemperatur abzüglich der mittleren Umgebungstemperatur ist die für die Berechnung maßgebende Temperaturdifferenz. Diese ergibt sich für Standard-Auslegungstemperaturen ebenfalls aus *Tabelle 3.5.*

Für die jährlichen Wärmeverluste von Wärmeverteilleitungen gilt sodann:

$$Q_{HL} = \frac{t_{HP} \cdot \Delta\vartheta_{HK} \cdot l \cdot U_{Leitung}}{1.000}$$

mit

Q_{HL} = jährlicher Wärmeverlust der Wärmeverteilleitung in kWh/a

t_{HP} = Heizperiodendauer in h

$\Delta\vartheta_{HK}$ = Temperaturdifferenz zwischen Vorlauf und umgebender Luft in K

l = Länge der Wärmeverteilleitung (Summe aus Vor- und Rücklauf) in m

$U_{Leitung}$ = Wärmedurchgangskoeffizient der Wärmeverteilleitung in W/(m · K) (*siehe Tabelle 3.3 auf Seite 170*)

Beispiel 5:

Im unbeheizten Keller eines Einfamilienhauses befinden sich 18 m ungedämmte Wärmeverteilleitung mit einem Außendurchmesser von 28 mm, wobei jeweils 9 m auf Vor- und Rücklauf entfallen. Das Haus hat ein altbautypisches Wärmeschutzniveau.

Die Heizung (Niedertemperatur-Ölkessel) wird mit einer Systemauslegungstemperatur von 55/45 °C betrieben.

Die tägliche Betriebszeit beträgt 17 Stunden (5:30 bis 22:30 Uhr).

Die mittlere Lufttemperatur liegt im unbeheizten Keller während der Heizperiode bei 7 °C.

Die Leitungen sollen nunmehr genau nach Vorgabe der EnEV gedämmt werden (*siehe Tabelle 1.3 auf Seite 32*), also mit einer Wärmedämmung der Leitfähigkeit 0,035 und der Dicke 30 mm.

Welche jährliche Energieeinsparung ist zu erwarten?

Lösung:

Laut *Tabelle 3.3 auf Seite 172* beträgt der Wärmedurchgangskoeffizient der Wärmeverteilleitung im Istzustand 0,880, im gedämmten Zustand 0,180 W/(m · K).

Die mittlere Temperaturdifferenz zwischen Heizkreis und Umgebungsluft im Keller ergibt sich aus *Tabelle 3.5 auf Seite 185*: $\Delta\vartheta_{HK} = 27$ K.

Das altbautypische Wärmeschutzniveau erfordert 275 Heiztage (*siehe Seite 184*), bei 17 Stunden täglicher Betriebszeit ergibt sich eine Heizperiode von 275 · 17 = 4.675 Stunden.

Die jährlichen Wärmeverluste der Warmwasserleitungen betragen im Istzustand:

$$Q_{\text{HL, alt}} = \frac{t_{\text{HP}} \cdot \Delta\vartheta_{\text{HK}} \cdot l \cdot U_{\text{Leitung}}}{1.000} = \frac{4.675 \cdot 29 \cdot 18 \cdot 0{,}880}{1.000} = 2.148 \text{ kWh/a}$$

Die jährlichen Wärmeverluste sind im gedämmten Zustand:

$$Q_{\text{HL, neu}} = \frac{t_{\text{HP}} \cdot \Delta\vartheta_{\text{HK}} \cdot l \cdot U_{\text{Leitung}}}{1.000} = \frac{4.675 \cdot 29 \cdot 18 \cdot 0{,}180}{1.000} = 439 \text{ kWh/a}$$

Die Einsparung beträgt also:

2.148 – 439 = 1.709 kWh/a

Berücksichtigt man für 1 kWh (thermisch) vorsichtig Kosten in Höhe von 6 Cent, ergibt sich eine jährliche Einsparung von:

1.709 · 0,06 = 103 €/a

Standardfälle tabelliert:

Tabelle 3.6 ab Seite 189 enthält die jährlichen Wärmeverluste für 1 m Wärmeverteilleitung. Auf die Darstellung der Verluste bei ungedämmten Leitungen in Gebäuden, die deutlich besser gedämmt sind als ein EnEV-Neubau (z.B. Passivhäuser), kann wohl verzichtet werden, da solche Gebäude mit höchster Wahrscheinlichkeit keine ungedämmten oder schlecht gedämmten Wärmeverteilleitungen in unbeheizten Räumen besitzen.

Es gelten folgende Annahmen:

- Referenzklima für Deutschland (*Tabelle 3.1 auf Seite 163*),
- 0,035 W/(m · K) als Wärmeleitfähigkeit der Dämmung,
- 17 Stunden tägliche Betriebszeit (7 Stunden Nachtabschaltung),
- 7 °C mittlere Umgebungstemperatur im unbeheizten Raum.

Um den jährlichen Gesamtwärmeverlust einer Leitung zu bestimmen, muss der passende Tabellenwert lediglich mit der Leitungslänge multipliziert werden.

Beispiel zur Anwendung der Tabelle:

Ein Einfamilienhaus verfügt über ein altbautypisches Wärmeschutzniveau und wird mit den Systemauslegungstemperaturen 70/55 °C beheizt. Es befinden sich 14 m ungedämmte Wärmeverteilleitung mit einem Außendurchmesser von 22 mm im unbeheizten Keller des Einfamilienhauses.

Der jährliche Wärmeverlust beträgt:

$$116 \cdot 14{,}0 = 1.624 \text{ kWh/a}$$

Tabelle 3.6: Jährlicher Wärmeverlust $Q_{HL,\,1\,m}$ für Wärmeverteilleitungen in kWh/(m · a)[1]

Außen-Ø in mm	Innen-Ø in mm	Material	Systemauslegungstemperaturen des Heizkreises 90/70 °C													
			Wärmeschutzniveau altbautypisch							Wärmeschutz wie WSchV/EnEV						
			Dicke der Wärmedämmung in mm							Dicke der Wärmedämmung in mm						
			0[2]	10	20	30	40	50	100	0[2]	10	20	30	40	50	100
10,0	8,0	Cu	66	35	26	23	20	19	15	53	28	21	18	16	15	12
10,2	6,2	Fe	67	35	27	23	20	19	15	54	28	21	18	16	15	12
12,0	10,0	Cu	79	39	29	24	22	20	16	63	31	23	20	18	16	13
13,5	8,9	Fe	89	41	31	26	23	21	17	71	33	25	21	18	17	13
15,0	13,0	Cu	99	44	32	27	24	22	17	79	35	26	22	19	18	14
17,2	12,6	Fe	114	48	35	29	26	23	18	91	39	28	23	21	19	14
18,0	16,0	Cu	119	50	36	30	26	24	18	95	40	29	24	21	19	15
21,3	16,1	Fe	141	56	39	32	28	26	20	113	45	32	26	23	21	16
22,0	19,0	Cu	145	57	40	33	29	26	20	116	46	32	26	23	21	16
26,9	21,7	Fe	178	66	46	37	32	29	21	142	52	36	30	26	23	17
28,0	25,0	Cu	185	68	47	38	33	29	22	148	54	37	30	26	24	17
33,7	27,3	Fe	223	78	53	42	36	32	24	178	62	42	34	29	26	19
35,0	32,0	Cu	231	80	54	43	37	33	24	185	64	43	35	30	26	19
42,0	39,0	Cu	278	92	61	48	41	37	26	222	74	49	39	33	29	21
42,2	36,0	Fe	279	92	62	49	41	37	26	223	74	49	39	33	29	21
48,3	41,9	Fe	319	103	68	53	45	40	28	255	82	54	42	36	32	22
54,0	50,0	Cu	357	113	74	57	48	42	29	286	90	59	46	39	34	23
60,3	53,1	Fe	399	124	80	62	52	45	31	319	99	64	49	41	36	25
64,0	60,0	Cu	423	130	84	64	54	47	32	338	104	67	52	43	38	26
76,0	72,0	Cu	502	151	96	73	61	53	35	402	121	77	58	48	42	28
76,1	68,9	Fe	503	151	96	73	61	53	35	402	121	77	58	48	42	28
88,9	80,9	Fe	588	173	109	82	68	59	38	470	139	87	66	54	47	31
89,0	85,0	Cu	588	173	109	82	68	59	38	471	139	87	66	54	47	31
108,0	103,0	Cu	714	206	128	96	78	67	43	571	165	102	77	63	54	35
114,3	105,3	Fe	755	217	134	100	82	70	45	604	173	107	80	65	56	36

[1] 7 Stunden Nachtabschaltung, Wärmedämmung $\lambda = 0{,}035$ W/(m · K)

[2] ohne Wärmedämmung

Fortsetzung Tabelle 3.6: Jährlicher Wärmeverlust $Q_{HL, 1 m}$ für Wärmeverteilleitungen in kWh/(m · a)[1)]

Außen-Ø in mm	Innen-Ø in mm	Material	Systemauslegungstemperaturen des Heizkreises 70/55 °C													
			Wärmeschutzniveau altbautypisch							Wärmeschutz wie WSchV/EnEV						
			Dicke der Wärmedämmung in mm							Dicke der Wärmedämmung in mm						
			0[2)]	10	20	30	40	50	100	0[2)]	10	20	30	40	50	100
10,0	8,0	Cu	53	28	21	18	16	15	12	42	22	17	14	13	12	10
10,2	6,2	Fe	54	28	21	18	16	15	12	43	22	17	15	13	12	10
12,0	10,0	Cu	63	31	23	20	18	16	13	51	25	18	16	14	13	10
13,5	8,9	Fe	71	33	25	21	18	17	13	57	26	20	17	15	14	11
15,0	13,0	Cu	79	35	26	22	19	18	14	63	28	21	17	15	14	11
17,2	12,6	Fe	91	39	28	23	21	19	14	73	31	22	19	16	15	12
18,0	16,0	Cu	95	40	29	24	21	19	15	76	32	23	19	17	15	12
21,3	16,1	Fe	113	45	32	26	23	21	16	90	36	25	21	18	16	12
22,0	19,0	Cu	116	46	32	26	23	21	16	93	36	26	21	18	17	13
26,9	21,7	Fe	142	52	36	30	26	23	17	114	42	29	24	20	18	14
28,0	25,0	Cu	148	54	37	30	26	24	17	118	43	30	24	21	19	14
33,7	27,3	Fe	178	62	42	34	29	26	19	143	50	34	27	23	21	15
35,0	32,0	Cu	185	64	43	35	30	26	19	148	51	35	28	24	21	15
42,0	39,0	Cu	222	74	49	39	33	29	21	178	59	39	31	26	23	17
42,2	36,0	Fe	223	74	49	39	33	29	21	178	59	39	31	26	23	17
48,3	41,9	Fe	255	82	54	42	36	32	22	204	66	43	34	29	25	18
54,0	50,0	Cu	286	90	59	46	39	34	23	228	72	47	37	31	27	19
60,3	53,1	Fe	319	99	64	49	41	36	25	255	79	51	40	33	29	20
64,0	60,0	Cu	338	104	67	52	43	38	26	271	83	54	41	34	30	21
76,0	72,0	Cu	402	121	77	58	48	42	28	321	97	61	47	39	34	23
76,1	68,9	Fe	402	121	77	58	48	42	28	322	97	61	47	39	34	23
88,9	80,9	Fe	470	139	87	66	54	47	31	376	111	70	53	43	37	25
89,0	85,0	Cu	471	139	87	66	54	47	31	376	111	70	53	43	37	25
108,0	103,0	Cu	571	165	102	77	63	54	35	457	132	82	61	50	43	28
114,3	105,3	Fe	604	173	107	80	65	56	36	483	139	86	64	52	45	29

1) 7 Stunden Nachtabschaltung, Wärmedämmung $\lambda = 0{,}035$ W/(m · K)

2) ohne Wärmedämmung

Fortsetzung Tabelle 3.6: Jährlicher Wärmeverlust $Q_{HL, 1 m}$ für Wärmeverteilleitungen in kWh/(m · a)[1)]

Außen-Ø in mm	Innen-Ø in mm	Material	Systemauslegungstemperaturen des Heizkreises 55/45 °C													
			Wärmeschutzniveau altbautypisch							Wärmeschutz wie WSchV/EnEV						
			Dicke der Wärmedämmung in mm							Dicke der Wärmedämmung in mm						
			0[2)]	10	20	30	40	50	100	0[2)]	10	20	30	40	50	100
10,0	8,0	Cu	43	22	17	15	13	12	10	34	18	14	12	10	10	8
10,2	6,2	Fe	43	23	17	15	13	12	10	35	18	14	12	11	10	8
12,0	10,0	Cu	51	25	19	16	14	13	10	41	20	15	13	11	10	8
13,5	8,9	Fe	57	27	20	17	15	14	11	46	21	16	13	12	11	9
15,0	13,0	Cu	64	28	21	18	16	14	11	51	23	17	14	12	11	9
17,2	12,6	Fe	73	31	23	19	17	15	12	59	25	18	15	13	12	9
18,0	16,0	Cu	77	32	23	19	17	15	12	61	26	18	15	14	12	9
21,3	16,1	Fe	91	36	25	21	18	17	13	73	29	20	17	15	13	10
22,0	19,0	Cu	94	37	26	21	19	17	13	75	29	21	17	15	13	10
26,9	21,7	Fe	115	42	29	24	21	19	14	92	34	23	19	17	15	11
28,0	25,0	Cu	119	44	30	24	21	19	14	95	35	24	19	17	15	11
33,7	27,3	Fe	144	50	34	27	23	21	15	115	40	27	22	19	17	12
35,0	32,0	Cu	149	51	35	28	24	21	15	119	41	28	22	19	17	12
42,0	39,0	Cu	179	59	40	31	27	24	17	143	47	32	25	21	19	13
42,2	36,0	Fe	180	60	40	31	27	24	17	144	48	32	25	21	19	13
48,3	41,9	Fe	206	66	44	34	29	26	18	165	53	35	27	23	20	14
54,0	50,0	Cu	230	73	47	37	31	27	19	184	58	38	29	25	22	15
60,3	53,1	Fe	257	80	52	40	33	29	20	205	64	41	32	27	23	16
64,0	60,0	Cu	273	84	54	42	35	30	21	218	67	43	33	28	24	17
76,0	72,0	Cu	324	97	62	47	39	34	23	259	78	49	38	31	27	18
76,1	68,9	Fe	324	97	62	47	39	34	23	259	78	49	38	31	27	18
88,9	80,9	Fe	379	112	70	53	44	38	25	303	89	56	42	35	30	20
89,0	85,0	Cu	379	112	70	53	44	38	25	303	89	56	42	35	30	20
108,0	103,0	Cu	460	133	82	62	50	43	28	368	106	66	49	40	35	22
114,3	105,3	Fe	487	140	86	65	53	45	29	389	112	69	52	42	36	23

1) 7 Stunden Nachtabschaltung, Wärmedämmung $\lambda = 0{,}035$ W/(m · K)

2) ohne Wärmedämmung

Fortsetzung Tabelle 3.6: Jährlicher Wärmeverlust $Q_{HL, 1 m}$ für Wärmeverteilleitungen in kWh/(m · a)[1)]

Außen-Ø in mm	Innen-Ø in mm	Material	Systemauslegungstemperaturen des Heizkreises 35/28 °C													
			Wärmeschutzniveau altbautypisch							Wärmeschutz wie WSchV/EnEV						
			Dicke der Wärmedämmung in mm							Dicke der Wärmedämmung in mm						
			0[2)]	10	20	30	40	50	100	0[2)]	10	20	30	40	50	100
10,0	8,0	Cu	26	14	11	9	8	8	6	21	11	8	7	7	6	5
10,2	6,2	Fe	27	14	11	9	8	8	6	22	11	9	7	7	6	5
12,0	10,0	Cu	32	15	12	10	9	8	6	25	12	9	8	7	6	5
13,5	8,9	Fe	36	17	12	10	9	8	7	29	13	10	8	7	7	5
15,0	13,0	Cu	40	18	13	11	10	9	7	32	14	10	9	8	7	5
17,2	12,6	Fe	45	19	14	12	10	9	7	36	15	11	9	8	7	6
18,0	16,0	Cu	48	20	14	12	10	10	7	38	16	11	10	8	8	6
21,3	16,1	Fe	56	22	16	13	11	10	8	45	18	13	10	9	8	6
22,0	19,0	Cu	58	23	16	13	12	10	8	47	18	13	11	9	8	6
26,9	21,7	Fe	71	26	18	15	13	12	9	57	21	15	12	10	9	7
28,0	25,0	Cu	74	27	19	15	13	12	9	59	22	15	12	10	9	7
33,7	27,3	Fe	89	31	21	17	14	13	9	71	25	17	13	12	10	8
35,0	32,0	Cu	93	32	22	17	15	13	10	74	26	17	14	12	11	8
42,0	39,0	Cu	111	37	25	19	16	15	10	89	29	20	15	13	12	8
42,2	36,0	Fe	112	37	25	19	17	15	10	89	30	20	16	13	12	8
48,3	41,9	Fe	128	41	27	21	18	16	11	102	33	22	17	14	13	9
54,0	50,0	Cu	143	45	29	23	19	17	12	114	36	24	18	15	14	9
60,3	53,1	Fe	159	50	32	25	21	18	12	128	40	26	20	17	14	10
64,0	60,0	Cu	169	52	33	26	22	19	13	135	42	27	21	17	15	10
76,0	72,0	Cu	201	60	38	29	24	21	14	161	48	31	23	19	17	11
76,1	68,9	Fe	201	60	38	29	24	21	14	161	48	31	23	19	17	11
88,9	80,9	Fe	235	69	43	33	27	23	15	188	55	35	26	22	19	12
89,0	85,0	Cu	235	69	43	33	27	23	15	188	55	35	26	22	19	12
108,0	103,0	Cu	286	82	51	38	31	27	17	228	66	41	31	25	21	14
114,3	105,3	Fe	302	87	54	40	33	28	18	242	69	43	32	26	22	14

1) 7 Stunden Nachtabschaltung, Wärmedämmung $\lambda = 0{,}035$ W/(m · K)

2) ohne Wärmedämmung

3.3 Luftdichtheit der Gebäudehülle

Aus Gründen der Raumhygiene gilt ein Luftwechsel von 0,40 pro Stunde als Mindestluftwechsel, der nicht unterschritten werden soll. (In 1 Stunde werden 40 % des Luftvolumens des Gebäudes gegen Frischluft ausgetauscht.)

Bei hohem Feuchteaufkommen (z.B. durch zahlreiche Topfpflanzen) ist ein größerer Luftwechsel bis ca. 0,5 erforderlich.

Undichte Gebäude haben bei optimalen Druckdifferenzen (Thermik, Wind) auch ohne gezielte Lüftung einen ausreichenden Luftwechsel in obigem Sinne. Allerdings kann es an windstillen Tagen auch deutlich zu wenig sein. An windreichen Tagen dagegen haben sie aufgrund der hohen Druckdifferenzen unnötig hohe Luftwechselraten und, damit verbunden, erhebliche Lüftungswärmeverluste. Außerdem können unkontrollierte Leckageströme zu erheblichen Tauwasserschäden in Bauteilen führen.

Zeitgemäße Gebäude werden aus den genannten Gründen möglichst luftdicht gebaut. Man will den einerseits hygienisch ausreichenden und andererseits Energie sparenden Luftwechsel nicht dem Zufall überlassen.

Ob Fensterlüftung ausreichend ist, wird in Fachkreisen zunehmend angezweifelt. Eine mechanische Lüftungsanlage ist jedenfalls in aller Regel der sicherste Weg.

Es wird allgemein leicht übersehen, wie groß die Energieverluste durch überflüssigen Luftwechsel werden können. Die Erwärmung von 1 m^3 Luft um ein K benötigt eine Wärmemenge von 0,34 Wh.

Ein angemessener Luftwechsel (0,50 pro Stunde) eines Einfamilienhauses mit einem beheizten Luftvolumen von 350 m³ und einer mittleren Raumlufttemperatur von 20 °C erfordert bei einer Außentemperatur von 5 °C in 16 Tagstunden einen Heizaufwand von:

$$\begin{aligned} Q &= 16 \cdot 0{,}5 \cdot 350 \cdot 0{,}34 \cdot (20 - 5) \\ &= 14.280 \text{ Wh} \\ &= 14{,}28 \text{ kWh} \end{aligned}$$

Dies entspricht bei angenommenen 6 Cent je kWh bereits einem Betrag von 0,86 Euro an einem Tag. Wenn der Luftwechsel aufgrund von Undichtigkeiten doppelt so hoch liegt, also bei 1,0 pro Stunde, dann ist auch der Heizaufwand doppelt so hoch und beträgt damit 1,72 Euro. Nur für die Lüftung, wohlgemerkt; die Transmissionswärmeverluste kommen noch hinzu.

Der unbeeinflusste Luftwechsel durch Undichtigkeiten in der Gebäudehülle, auch Infiltrationsluftwechsel n_z genannt, soll also möglichst gering sein. Er lässt sich nicht ohne Weiteres direkt prüfen, kann jedoch näherungsweise über den Luftwechsel bei 50 Pa Druckdifferenz zwischen Raum- und Außenluft, den n_{50}-Wert, abgeschätzt werden. Letzterer ist das wesentliche Ergebnis des Blower-Door-Tests (*siehe auch Frage 55 auf Seite 95*). Es gilt:

$$n_z = n_{50} \cdot e_{Wind}$$

mit

n_z = Infiltrationsluftwechsel im Nutzungszustand
n_{50} = Luftwechsel bei 50 Pa Druckdifferenz
e_{Wind} = Windschutzkoeffizient *nach Tabelle 3.7 auf Seite 195*

Tabelle 3.7: Windschutzkoeffizienten e_{Wind}[1)]

Lage des Gebäudes hinsichtlich Windangriff	Anzahl der Gebäudeansichten, die dem Windangriff ausgesetzt sind	
	mehr als eine	eine
frei	0,10	0,03
halbfrei	0,07	0,02
geschützt	0,04	0,01

1) in Anlehnung an DIN 4108-6

Für die jährlichen Wärmeverluste aufgrund von Infiltration gelten folgende Formeln:

Heizungsbetrieb ohne Nachtabschaltung:

$$Q_{\mathrm{Inf}} = 0{,}34 \cdot F_{\mathrm{GT}} \cdot n_{\mathrm{z}} \cdot V$$

Heizungsbetrieb mit Nachtabschaltung:

$$Q_{\mathrm{Inf}} = 0{,}323 \cdot F_{\mathrm{GT}} \cdot n_{\mathrm{z}} \cdot V$$

mit

Q_{Inf} = jährlicher, infiltrationsbedingter Lüftungswärmeverlust in kWh/a

F_{GT} = Gradtagzahlfaktor für die Heizperiode (*siehe Tabelle 3.1 auf Seite 163*)

V = beheiztes Luftvolumen des Gebäudes in m³

Bei Bauteilsanierungen ist stets zu prüfen, ob ausreichende Luftdichtheit gegeben ist. Naheliegende Möglichkeiten zur Verbesserung der Luftdichtheit sollten genutzt werden.

Beispiel 6:

Ein altes Fachwerkhaus mit einem beheizten Luftvolumen von 640 m³ wird energetisch saniert. Der Blower-Door-Test ergibt im Istzustand, dass das Gebäude mit $n_{50} = 14$ sehr undicht ist. Durch gezielt geplante Luftdichtheitsebenen wird die Luftdichtheit verbessert; dabei wird $n_{50} = 3$ erreicht.

Das Gebäude steht in München und verfügt im Istzustand insgesamt über ein schlechtes Wärmeschutzniveau (altbautypisch). Durch die Rundumsanierung wird das Neubauniveau nach EnEV erreicht. Drei Seiten des halbfrei stehenden Gebäudes werden vom Wind angegriffen.

Die alte Heizung (Heizöl-Niedertemperaturkessel) wurde ohne Nachtabschaltung betrieben, die neue Heizung (Gasbrennwertkessel) dagegen mit Nachtabschaltung.

Welche jährliche Energieeinsparung ist alleine durch die Verbesserung der Luftdichtheit zu erwarten?

Lösung:

Aus *Tabelle 3.1 auf Seite 163* werden die Gradtagzahlfaktoren abgelesen:

- $F_{\mathrm{GT,\,alt}} = 95{,}0$
- $F_{\mathrm{GT,\,neu}} = 88{,}8$

Der Windschutzkoeffizient beträgt *nach Tabelle 3.7 auf Seite 195*:

$$e_{\mathrm{Wind}} = 0{,}07$$

Der Infiltrationsluftwechsel im Nutzungszustand beträgt im Istzustand:

$$\begin{aligned} n_{\text{z, alt}} &= n_{\text{50, alt}} \cdot e_{\text{Wind}} \\ &= 14,0 \cdot 0,07 \\ &= 0,98\ \text{h}^{-1} \end{aligned}$$

Die jährlichen Wärmeverluste durch Infiltration sind im Istzustand:

$$\begin{aligned} Q_{\text{Inf, alt}} &= 0,34 \cdot F_{\text{GT, alt}} \cdot n_{\text{z, alt}} \cdot V \\ &= 0,34 \cdot 95,0 \cdot 0,98 \cdot 640 \\ &= 20.259\ \text{kWh} \end{aligned}$$

Der Infiltrationsluftwechsel im Nutzungszustand beträgt im sanierten Zustand:

$$\begin{aligned} n_{\text{z, neu}} &= n_{\text{50, neu}} \cdot e_{\text{Wind}} \\ &= 3,0 \cdot 0,07 \\ &= 0,21\ \text{h}^{-1} \end{aligned}$$

Die jährlichen Wärmeverluste durch Infiltration sind im sanierten Zustand:

$$\begin{aligned} Q_{\text{Inf, neu}} &= 0,34 \cdot F_{\text{GT, neu}} \cdot n_{\text{z, neu}} \cdot V \\ &= 0,34 \cdot 88,8 \cdot 0,21 \cdot 640 \\ &= 4.058\ \text{kWh} \end{aligned}$$

Die Einsparung beträgt also:

$$20.259 - 4.058 = 16.201\ \text{kWh/a}$$

Auf die Berechnung einer monetären Einsparung wird hier verzichtet, weil die Heizgewohnheiten der Nutzer im Istzustand sehr schwer einzuschätzen sind. Das Ergebnis wäre deswegen kaum seriös verwendbar.

3.4 Wirtschaftlichkeit

Die Wirtschaftlichkeit ist häufig ausschlaggebend für die Entscheidung zur energetischen Sanierung. In gängigen Softwareprogrammen zur Energieberatung wird sie dynamisch berechnet, d.h. es wird mit einer angenommenen Energiepreissteigerung und mit einem angenommenen Kapitalzins (Darlehens- bzw. Ertragszins) gerechnet.

Während der Kapitalzins für einen Betrachtungszeitraum von 30 Jahren noch abschätzbar ist, entzieht sich die Energiepreissteigerung der nächsten Jahrzehnte der sicheren Voraussage. Es wird in der Berechnung dennoch eine (oder mehrere) konkrete Steigerungsrate angesetzt. Eine dynamische Wirtschaftlichkeitsbetrachtung ist deshalb in aller Regel weitaus ungenauer, als die Zahlen es vermuten lassen.

Eine statische Wirtschaftlichkeitsrechnung lässt sowohl Kapitalzins als auch Energiepreissteigerung außer Acht. Man nimmt dabei an, dass die Energiepreissteigerung die Kapitalverzinsung kompensiert (oder gar übertrifft). Mit dieser Annahme ist man nach Erfahrung der letzten Jahre auf der sicheren Seite – die tatsächliche Wirtschaftlichkeit liegt höchstwahrscheinlich nicht unter der berechneten.

3.4.1 Statische Amortisation

Die statische Amortisation gibt an, nach welcher Zeitspanne sich eine energetische Investition durch die erzielten Einsparungen refinanziert. Liegt diese Zeitspanne unter der zu erwartenden Nutzungsdauer der Maßnahme, ist diese wirtschaftlich.

Ohnehin fällige Erhaltungsaufwendungen werden nicht berücksichtigt, da sie als „Sowiesokosten" auch ohne die energetische Ertüchtigung anfallen würden. Daraus folgt:

Energetische Kosten = Gesamtkosten – Erhaltungsaufwand

Wenn kein Erhaltungsaufwand erforderlich ist (z.B. bei der nachträglichen Dämmung einer Kellerdecke), sind die Gesamtkosten gleichzeitig die energetischen Kosten.

Für die Amortisation gilt:

$$n_A = \frac{K_{en}}{E}$$

mit

n_A = Amortisation in Jahren
K_{en} = energetische Kosten in €
E = jährliche Einsparung in €

Wenn die Nutzungsdauer über der Amortisationsdauer liegt, wird bis zum Ende der Nutzungsdauer ein Überschuss erwirtschaftet:

$$G = (n_N - n_A) \cdot E$$

mit

G = Gewinn in €
n_N = Nutzungsdauer in a

Beispiel 7:

Für die Dämmung der Kellerdecke eines Mehrfamilienhauses in Köln (*siehe Beispiel 1 auf Seite 166*) fallen Gesamtkosten in Höhe von 4.400 Euro an. Es steht kein Erhaltungsaufwand an, sodass die Gesamtkosten voll als energetische Kosten anzusetzen sind.

Die jährliche Einsparung beträgt 6.640 kWh bzw. 398 Euro, die Nutzungsdauer der Maßnahme 30 Jahre.

In welchem Zeitraum amortisiert sich die Maßnahme? Wie hoch ist ein eventueller Überschuss?

Lösung:

Die Amortisationszeit wird berechnet:

$$n_A = \frac{K_{en}}{E} = \frac{4.400}{398} = 11{,}1 \text{ a}$$

Amortisation tritt also nach rund 12 Jahren ein. Da die Nutzungsdauer von 30 Jahren weit darüber liegt, ist die Maßnahme wirtschaftlich.

Vom Zeitpunkt der Amortisation bis zum Ende der Nutzungsdauer wird ein Überschuss erwirtschaftet:

$$\begin{aligned} G &= \left(n_{\mathrm{N}} - n_{\mathrm{A}}\right) \cdot E \\ &= \left(30 - 11{,}1\right) \cdot 398 \\ &= 7.522 \text{ €} \end{aligned}$$

3.4.2 Äquivalenter Energiepreis

Der äquivalente Energiepreis (hier statisch berechnet) ist der Preis für eine eingesparte Kilowattstunde (Äquivalenzpreis). Er wird über die Nutzungsdauer einer Maßnahme berechnet und erlaubt einen direkten Vergleich mit dem realen Einkaufspreis für Energie (Realpreis). Wenn der Äquivalenzpreis nicht über dem Realpreis liegt, ist die Maßnahme wirtschaftlich.

Auch hierbei werden nur die reinen Kosten der energetischen Ertüchtigung (ohne Erhaltungsaufwand) berücksichtigt. Wartungs- und Instandhaltungskosten, die über die Nutzungsdauer einer Maßnahme anfallen, fließen dagegen in die Berechnung ein, eingesparte Wartungs- und Instandhaltungskosten werden abgezogen.

Für den äquivalenten Energiepreis gilt:

$$p_{\mathrm{eq}} = \frac{K_{\mathrm{en}}}{\Delta Q_{\mathrm{n}}}$$

mit

p_{eq} = äquivalenter Energiepreis in €/kWh
K_{en} = energetische Kosten in €
ΔQ_{n} = Energieeinsparung über die gesamte Nutzdauer in kWh

Die Energieeinsparung über die gesamte Nutzdauer ergibt sich aus der jährlichen Einsparung und der Nutzungsdauer einer Maßnahme:

$$\Delta Q_n = n_N \cdot \Delta Q_1$$

mit

n_N = Nutzungsdauer in a
ΔQ_1 = jährliche Energieeinsparung in kWh/a

Beispiel 8:

Für die Dämmung der Kellerdecke eines Mehrfamilienhauses in Köln (*siehe Beispiel 1 auf Seite 166*) ist der äquivalente Energiepreis zu bestimmen. Die anzusetzenden energetischen Kosten betragen 4.400 Euro. Die jährliche Einsparung beträgt 6.640 kWh/a. Die Nutzungsdauer der Maßnahme beträgt 30 Jahre. Der momentane Energiepreis (Realpreis) beträgt 6 Cent.

Die Energieeinsparung über die gesamte Nutzdauer beträgt:

$$\begin{aligned} \Delta Q_n &= n_N \cdot \Delta Q_1 \\ &= 30 \cdot 6.640 \\ &= 199.200 \text{ kWh} \end{aligned}$$

Der äquivalente Energiepreis beträgt:

$$\begin{aligned} p_{eq} &= \frac{K_{en}}{\Delta Q_n} \\ &= \frac{4.400}{199.200} \\ &= 0{,}022 \text{ €} \end{aligned}$$

Der äquivalente Energiepreis von 2,2 Cent (je kWh) liegt weit unter dem heutigen realen Energiepreis von 6 Cent. Die Maßnahme ist insofern „wirtschaftlich ab dem ersten Tag“ und nicht erst bei gestiegenen Energiepreisen.

3.5 U-Wert-Tabellen

Die nachfolgenden Tabellen dienen als schnelle Planungshilfe für Bauteilbetrachtungen. Die Werte liegen aufgrund der Vernachlässigung von Bekleidungen, ruhender Luftschichten und weiterer Schichten auf der sicheren Seite. Bei den Rippen-/Gefachkonstruktionen wird – ebenfalls auf der sicheren Seite liegend – die Rippenkonstruktion nur in der gedämmten Höhe berücksichtigt (wie bei belüfteten Gefachen der Fall). Als Übergangswiderstände gelten für alle Tabellen:

innen: $R_{si} = 0{,}10\ m^2 \cdot K/W$, außen: $R_{se} = 0{,}04\ m^2 \cdot K/W$.

Tabelle 3.8: Flächig homogene Dämmung; erforderliche Dämmstoffdicke in mm zur Erzielung bestimmter U-Werte

	Wärmeleitfähigkeit								
geforderter U-Wert	**0,020**	**0,025**	**0,030**	**0,035**	**0,040**	**0,045**	**0,050**	**0,055**	**0,060**
0,10	197	247	296	345	394	444	493	542	592
0,15	131	163	196	228	261	294	326	359	392
0,20	97	122	146	170	194	219	243	267	292
0,25	77	97	116	135	154	174	193	212	232
0,30	64	80	96	112	128	144	160	176	192
0,35	54	68	82	95	109	122	136	149	163
0,40	47	59	71	83	94	106	118	130	142
0,45	42	52	62	73	83	94	104	115	125
0,50	37	47	56	65	74	84	93	102	112

Tabelle 3.9: Rippen-/Gefachkonstruktion mit 10 % Holzanteil (z.B. Sparren/Gefach = 80/720 mm); erforderliche Dämmstoffdicke in mm zur Erzielung bestimmter U-Werte

	Wärmeleitfähigkeit								
geforderter U-Wert	**0,020**	**0,025**	**0,030**	**0,035**	**0,040**	**0,045**	**0,050**	**0,055**	**0,060**
0,10	302	347	392	437	482	526	571	616	667
0,15	199	229	259	289	319	348	378	407	437
0,20	148	170	193	215	237	259	281	303	325
0,25	117	135	153	170	188	206	223	241	258
0,30	97	111	126	141	155	170	184	199	213
0,35	82	94	107	120	132	145	157	169	182
0,40	71	82	93	104	115	125	136	147	158
0,45	62	72	82	91	101	111	120	130	139
0,50	56	64	73	82	90	99	107	116	124

Tabelle 3.10: Rippen-/Gefachkonstruktion mit 12 % Holzanteil (z.B. Sparren/Gefach = 80/590 mm); erforderliche Dämmstoffdicke in mm zur Erzielung bestimmter U-Werte

		Wärmeleitfähigkeit								
		0,020	**0,025**	**0,030**	**0,035**	**0,040**	**0,045**	**0,050**	**0,055**	**0,060**
geforderter U-Wert	**0,10**	323	368	412	455	499	543	587	630	673
	0,15	213	243	272	301	330	359	388	417	446
	0,20	158	180	202	224	246	267	289	310	332
	0,25	125	143	160	178	195	212	229	246	263
	0,30	103	118	132	147	161	175	190	204	218
	0,35	88	100	112	125	137	149	161	173	185
	0,40	76	87	97	108	119	129	140	150	161
	0,45	67	76	86	95	105	114	123	133	142
	0,50	59	68	76	85	93	102	110	118	127

Tabelle 3.11: Rippen-/Gefachkonstruktion mit 15 % Holzanteil (z.B. Sparren/Gefach = 100/570 mm); erforderliche Dämmstoffdicke in mm zur Erzielung bestimmter U-Werte

		Wärmeleitfähigkeit								
		0,020	**0,025**	**0,030**	**0,035**	**0,040**	**0,045**	**0,050**	**0,055**	**0,060**
geforderter U-Wert	**0,10**	354	397	440	483	525	567	610	652	694
	0,15	235	262	291	319	347	375	403	431	459
	0,20	174	196	216	237	258	279	300	321	342
	0,25	138	155	171	188	205	222	238	255	271
	0,30	114	128	142	155	169	183	197	211	224
	0,35	96	108	120	132	144	156	167	179	191
	0,40	83	94	104	114	125	135	145	156	166
	0,45	73	83	92	101	110	119	128	137	146
	0,50	65	74	82	90	98	106	114	122	131

Tabelle 3.12: Rippen-/Gefachkonstruktion mit 20 % Holzanteil (z.B. Sparren/Gefach = 140/560 mm); erforderliche Dämmstoffdicke in mm zur Erzielung bestimmter U-Werte

		Wärmeleitfähigkeit								
		0,020	**0,025**	**0,030**	**0,035**	**0,040**	**0,045**	**0,050**	**0,055**	**0,060**
geforderter U-Wert	**0,10**	409	450	486	527	567	608	648	688	728
	0,15	270	297	324	350	375	402	428	455	481
	0,20	200	221	241	261	280	299	319	339	358
	0,25	159	175	191	207	222	237	253	269	284
	0,30	131	144	157	171	184	197	209	222	235
	0,35	111	122	134	145	156	167	178	189	200
	0,40	96	106	116	126	135	145	155	164	174
	0,45	85	93	102	111	119	128	136	145	153
	0,50	75	83	91	99	106	114	122	129	137

Tabelle 3.13: Flächig homogene Dämmung; U-Werte bei bestimmten Dämmstoffdicken

	Wärmeleitfähigkeit								
Dicke der Wärmedämmung in mm	**0,020**	**0,025**	**0,030**	**0,035**	**0,040**	**0,045**	**0,050**	**0,055**	**0,060**
40	0,467	0,575	0,679	0,780	0,877	0,972	1,064	1,153	1,240
50	0,379	0,467	0,554	0,638	0,719	0,799	0,877	0,953	1,027
60	0,318	0,394	0,467	0,539	0,610	0,679	0,746	0,812	0,877
70	0,275	0,340	0,404	0,467	0,529	0,590	0,649	0,708	0,765
80	0,242	0,299	0,356	0,412	0,467	0,521	0,575	0,627	0,679
90	0,216	0,267	0,318	0,369	0,418	0,467	0,515	0,563	0,610
100	0,195	0,242	0,288	0,334	0,379	0,423	0,467	0,511	0,554
110	0,177	0,220	0,263	0,305	0,346	0,387	0,427	0,467	0,507
120	0,163	0,202	0,242	0,280	0,318	0,356	0,394	0,431	0,467
130	0,151	0,187	0,224	0,259	0,295	0,330	0,365	0,399	0,434
140	0,140	0,174	0,208	0,242	0,275	0,308	0,340	0,372	0,404
150	0,131	0,163	0,195	0,226	0,257	0,288	0,318	0,349	0,379
160	0,123	0,153	0,183	0,212	0,242	0,271	0,299	0,328	0,356
170	0,116	0,144	0,172	0,200	0,228	0,255	0,282	0,310	0,336
180	0,109	0,136	0,163	0,189	0,216	0,242	0,267	0,293	0,318
190	0,104	0,129	0,154	0,180	0,204	0,229	0,254	0,278	0,302
200	0,099	0,123	0,147	0,171	0,195	0,218	0,242	0,265	0,288
210	0,094	0,117	0,140	0,163	0,186	0,208	0,230	0,253	0,275
220	0,090	0,112	0,134	0,156	0,177	0,199	0,220	0,242	0,263
230	0,086	0,107	0,128	0,149	0,170	0,190	0,211	0,231	0,252
240	0,082	0,103	0,123	0,143	0,163	0,183	0,202	0,222	0,242
250	0,079	0,099	0,118	0,137	0,156	0,176	0,195	0,213	0,232
300	0,066	0,082	0,099	0,115	0,131	0,147	0,163	0,179	0,195

Tabelle 3.14: Rippen-/Gefachkonstruktion mit 10 % Holzanteil (z.B. Sparren/Gefach = 80/720 mm); U-Werte bei bestimmten Dämmstoffdicken

	Wärmeleitfähigkeit								
Dicke der Wärmedämmung in mm	**0,020**	**0,025**	**0,030**	**0,035**	**0,040**	**0,045**	**0,050**	**0,055**	**0,060**
40	0,670	0,764	0,855	0,943	1,029	1,112	1,193	1,271	1,348
50	0,550	0,628	0,704	0,778	0,850	0,920	0,989	1,056	1,122
60	0,467	0,533	0,598	0,662	0,724	0,785	0,845	0,903	0,961
70	0,406	0,463	0,520	0,576	0,630	0,684	0,737	0,789	0,840
80	0,358	0,410	0,460	0,510	0,558	0,607	0,654	0,700	0,746
90	0,321	0,367	0,413	0,457	0,501	0,545	0,588	0,630	0,672
100	0,291	0,333	0,374	0,415	0,455	0,494	0,533	0,572	0,610
110	0,266	0,304	0,342	0,379	0,416	0,452	0,489	0,524	0,559
120	0,245	0,280	0,315	0,349	0,383	0,417	0,451	0,484	0,516
130	0,227	0,260	0,292	0,324	0,356	0,387	0,418	0,449	0,479
140	0,211	0,242	0,272	0,302	0,332	0,361	0,390	0,419	0,447
150	0,198	0,226	0,255	0,283	0,311	0,338	0,365	0,392	0,419
160	0,186	0,213	0,239	0,266	0,292	0,318	0,344	0,369	0,395
170	0,175	0,201	0,226	0,251	0,276	0,300	0,324	0,349	0,373
180	0,166	0,190	0,214	0,237	0,261	0,284	0,307	0,330	0,353
190	0,158	0,180	0,203	0,225	0,248	0,270	0,292	0,314	0,335
200	0,150	0,172	0,193	0,215	0,236	0,257	0,278	0,299	0,319
210	0,143	0,164	0,184	0,205	0,225	0,245	0,265	0,285	0,305
220	0,137	0,157	0,176	0,196	0,215	0,234	0,254	0,273	0,292
230	0,131	0,150	0,169	0,187	0,206	0,225	0,243	0,261	0,279
240	0,126	0,144	0,162	0,180	0,198	0,215	0,233	0,251	0,268
250	0,121	0,138	0,156	0,173	0,190	0,207	0,224	0,241	0,258
300	0,101	0,116	0,130	0,145	0,159	0,174	0,188	0,202	0,216

Tabelle 3.15: Rippen-/Gefachkonstruktion mit 12 % Holzanteil (z.B. Sparren/Gefach = 80/590 mm); U-Werte bei bestimmten Dämmstoffdicken

		Wärmeleitfähigkeit								
		0,020	**0,025**	**0,030**	**0,035**	**0,040**	**0,045**	**0,050**	**0,055**	**0,060**
Dicke der Wärmedämmung in mm	**40**	0,710	0,801	0,890	0,975	1,059	1,140	1,218	1,295	1,369
	50	0,584	0,660	0,733	0,805	0,875	0,944	1,011	1,076	1,140
	60	0,496	0,561	0,624	0,686	0,746	0,806	0,864	0,921	0,977
	70	0,431	0,488	0,543	0,597	0,651	0,703	0,754	0,805	0,855
	80	0,382	0,431	0,481	0,529	0,577	0,623	0,670	0,715	0,760
	90	0,342	0,387	0,431	0,475	0,518	0,560	0,602	0,643	0,684
	100	0,310	0,351	0,391	0,431	0,470	0,508	0,547	0,584	0,622
	110	0,284	0,321	0,358	0,394	0,430	0,466	0,501	0,535	0,570
	120	0,261	0,296	0,329	0,363	0,396	0,429	0,462	0,494	0,526
	130	0,242	0,274	0,305	0,337	0,368	0,398	0,429	0,459	0,488
	140	0,226	0,255	0,285	0,314	0,343	0,371	0,400	0,428	0,456
	150	0,211	0,239	0,267	0,294	0,321	0,348	0,375	0,401	0,427
	160	0,199	0,225	0,251	0,276	0,302	0,327	0,353	0,377	0,402
	170	0,187	0,212	0,237	0,261	0,285	0,309	0,333	0,356	0,380
	180	0,177	0,201	0,224	0,247	0,270	0,293	0,315	0,338	0,360
	190	0,168	0,191	0,213	0,235	0,256	0,278	0,299	0,321	0,342
	200	0,160	0,181	0,202	0,223	0,244	0,265	0,285	0,305	0,326
	210	0,153	0,173	0,193	0,213	0,233	0,252	0,272	0,291	0,311
	220	0,146	0,165	0,185	0,204	0,223	0,241	0,260	0,279	0,297
	230	0,140	0,158	0,177	0,195	0,213	0,231	0,249	0,267	0,285
	240	0,134	0,152	0,170	0,187	0,205	0,222	0,239	0,256	0,274
	250	0,129	0,146	0,163	0,180	0,197	0,213	0,230	0,247	0,263
	300	0,108	0,122	0,137	0,151	0,165	0,179	0,193	0,207	0,221

Tabelle 3.16: Rippen-/Gefachkonstruktion mit 15 % Holzanteil (z.B. Sparren/Gefach = 100/570 mm); U-Werte bei bestimmten Dämmstoffdicken

Dicke der Wärmedämmung in mm	Wärmeleitfähigkeit 0,020	0,025	0,030	0,035	0,040	0,045	0,050	0,055	0,060
40	0,769	0,856	0,941	1,023	1,103	1,181	1,256	1,330	1,401
50	0,634	0,706	0,777	0,846	0,914	0,980	1,044	1,107	1,168
60	0,540	0,602	0,662	0,722	0,780	0,837	0,893	0,948	1,002
70	0,470	0,524	0,577	0,629	0,680	0,731	0,780	0,829	0,877
80	0,416	0,464	0,511	0,558	0,604	0,649	0,693	0,737	0,780
90	0,373	0,416	0,459	0,501	0,542	0,583	0,623	0,663	0,702
100	0,339	0,378	0,416	0,455	0,492	0,530	0,566	0,603	0,639
110	0,310	0,346	0,381	0,416	0,451	0,485	0,519	0,552	0,585
120	0,286	0,319	0,351	0,384	0,416	0,447	0,479	0,510	0,541
130	0,265	0,295	0,326	0,356	0,386	0,415	0,444	0,473	0,502
140	0,247	0,275	0,304	0,332	0,360	0,387	0,415	0,442	0,469
150	0,231	0,258	0,285	0,311	0,337	0,363	0,389	0,414	0,439
160	0,217	0,243	0,268	0,292	0,317	0,341	0,366	0,390	0,414
170	0,205	0,229	0,253	0,276	0,299	0,322	0,345	0,368	0,391
180	0,194	0,217	0,239	0,261	0,283	0,305	0,327	0,349	0,370
190	0,184	0,206	0,227	0,248	0,269	0,290	0,311	0,331	0,352
200	0,176	0,196	0,216	0,236	0,256	0,276	0,296	0,316	0,335
210	0,167	0,187	0,206	0,225	0,245	0,264	0,282	0,301	0,320
220	0,160	0,179	0,197	0,216	0,234	0,252	0,270	0,288	0,306
230	0,153	0,171	0,189	0,207	0,224	0,241	0,259	0,276	0,293
240	0,147	0,164	0,181	0,198	0,215	0,232	0,248	0,265	0,281
250	0,141	0,158	0,174	0,191	0,207	0,223	0,239	0,255	0,271
300	0,119	0,132	0,146	0,160	0,173	0,187	0,200	0,214	0,227

Tabelle 3.17: Rippen-/Gefachkonstruktion mit 20 % Holzanteil (z.B. Sparren/Gefach = 140/560 mm); U-Werte bei bestimmten Dämmstoffdicken

	Wärmeleitfähigkeit								
Dicke der Wärmedämmung in mm	0,020	0,025	0,030	0,035	0,040	0,045	0,050	0,055	0,060
40	0,865	0,947	1,025	1,102	1,176	1,248	1,319	1,387	1,454
50	0,716	0,784	0,850	0,914	0,977	1,038	1,098	1,157	1,214
60	0,611	0,669	0,726	0,781	0,836	0,889	0,941	0,993	1,043
70	0,533	0,584	0,633	0,682	0,730	0,777	0,823	0,869	0,914
80	0,473	0,518	0,562	0,605	0,648	0,690	0,732	0,773	0,813
90	0,425	0,465	0,505	0,544	0,583	0,621	0,659	0,696	0,733
100	0,386	0,422	0,459	0,494	0,530	0,564	0,599	0,633	0,667
110	0,353	0,387	0,420	0,453	0,485	0,517	0,549	0,580	0,612
120	0,326	0,357	0,387	0,418	0,448	0,477	0,507	0,536	0,565
130	0,302	0,331	0,360	0,388	0,416	0,443	0,471	0,498	0,525
140	0,282	0,309	0,335	0,362	0,388	0,414	0,439	0,465	0,490
150	0,264	0,289	0,314	0,339	0,363	0,388	0,412	0,436	0,460
160	0,249	0,272	0,296	0,319	0,342	0,365	0,388	0,410	0,433
170	0,235	0,257	0,279	0,301	0,323	0,345	0,366	0,388	0,409
180	0,222	0,243	0,264	0,285	0,306	0,326	0,347	0,367	0,387
190	0,211	0,231	0,251	0,271	0,291	0,310	0,330	0,349	0,368
200	0,201	0,220	0,239	0,258	0,277	0,295	0,314	0,332	0,351
210	0,192	0,210	0,228	0,246	0,264	0,282	0,300	0,317	0,335
220	0,183	0,201	0,218	0,235	0,253	0,270	0,287	0,303	0,320
230	0,176	0,192	0,209	0,226	0,242	0,258	0,275	0,291	0,307
240	0,169	0,185	0,201	0,217	0,232	0,248	0,264	0,279	0,295
250	0,162	0,178	0,193	0,208	0,223	0,239	0,254	0,269	0,283
300	0,136	0,149	0,162	0,175	0,187	0,200	0,213	0,225	0,238

4 Anhang

4.1 Suchhilfe zu den Fragen in Kapitel 2

Die Piktogramme in der Übersicht auf den folgenden Seiten dienen der thematischen Zuordnung der Fragen in Kapitel 2. Die Bedeutung der Symbole geht aus folgender Tabelle hervor.

Tabelle 4.1: Thematische Zuordnung der Piktogramme

Symbol	Thema	Unterkapitel	Seite
	Energieausweis	2.1	35
	Recht und Vollzug	2.2	58
	EnEV-Nachweis und Grundsätze	2.3	75
	Neubau	2.4	104
	Altbau	2.5	115
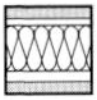	Bauteile und Gebäudehülle	2.6	144
	Anlagentechnik	2.7	153

Tabelle 4.2: Übersicht zu den Fragen in Kapitel 2

Nr.	Frage	Themen
Kapitel 2.1	Energieausweis	
1	Muss für selbstgenutzte Immobilien ein Energieausweis ausgestellt werden?	
2	Wie lange gilt ein Energieausweis?	
3	Welche Fristen gelten für Energieausweise?	
4	Wer darf Energieausweise für neue Gebäude ausstellen?	§
5	Wer darf Energieausweise für bestehende Gebäude ausstellen?	§
6	Wer darf Energieausweise für bestehende Nichtwohngebäude ausstellen?	§
7	Wer darf Energieausweise für bestehende Wohngebäude ausstellen?	§
8	Wie hat ein Eigentümer einem Miet- oder Kaufinteressenten den Energieausweis zugänglich zu machen? Muss er ihm eine Kopie des Ausweises überlassen?	§
9	Für welche Gebäude müssen Modernisierungsempfehlungen gegeben werden?	§ Alt
10	Müssen Modernisierungsempfehlungen zum Energieausweis dem Miet- bzw. Kaufinteressenten vorgelegt werden?	§
11	Wie unterscheiden sich Bedarfs- und Verbrauchsausweis?	
12	Wie wird eine Witterungsbereinigung beim Verbrauchsausweis durchgeführt? Was ist zu tun, wenn keine Jahreszeiträume vorliegen?	Alt
13	Besteht zwischen Bedarfs- und Verbrauchsausweis bei bestehenden Gebäuden immer Wahlfreiheit?	

Fortsetzung Tabelle 4.2: Übersicht zu den Fragen in Kapitel 2

Nr.	Frage	Themen
14	Wie kann ich feststellen, ob ein Gebäude die Wärmeschutzverordnung 1977 erfüllt?	Alt
15	Welche Vereinfachungen sind bei der Datenerfassung im Bestand zulässig (Maße, Bauteile, Anlagen)?	Alt
16	Kann es für ein Gebäude mehrere Energieausweise geben?	
17	Können Energieausweise in Mehrfamilienhäusern wohnungsbezogen ausgestellt werden?	
18	Welchen Zustand muss ein Energieausweis für ein neues Gebäude dokumentieren?	Neu
19	Muss bei der Erweiterung eines Gebäudes ein Energieausweis ausgestellt werden?	Alt
20	Muss bei einer Nutzungsänderung ein neuer Energieausweis erstellt werden?	Alt
21	Kann für ein kürzlich saniertes Bestandsgebäude der Verbrauchsausweis erstellt werden, obwohl nach Sanierung noch keine 3 Abrechnungsperioden vergangen sind?	Alt
22	Löst die Sanierung von Außenbauteilen die Pflicht zur Ausstellung eines Energieausweises aus?	Alt
23	Welchen Einfluss hat die Witterungsbereinigung auf den im verbrauchsbasierten Energieausweis ausgewiesenen Endenergieverbrauch für Warmwasser?	
Kapitel 2.2	Recht und Vollzug	
24	Wer überwacht die Umsetzung der EnEV?	§§
25	Wann und wozu bedarf es einer Unternehmererklärung?	§§
26	Welche Überwachungsfunktion wird vom Schornsteinfeger ausgeübt?	§§

Fortsetzung Tabelle 4.2: Übersicht zu den Fragen in Kapitel 2

Nr.	Frage	Themen
27	Gibt es auf Länderebene Unterschiede bei der Umsetzung der EnEV?	§
28	Wer ist verantwortlich für die Einhaltung der EnEV?	§
29	Welche rechtlichen bzw. finanziellen Risiken drohen bei Nichtbeachtung der EnEV?	§
30	Welches Bußgeld droht bei welchen Verstößen?	§
31	Kann die Nichteinhaltung von Bauteilanforderungen der EnEV zum Bußgeld führen?	§ Alt
32	Was unterscheidet Ausnahmen und Befreiungen?	§
33	Welche Voraussetzungen müssen für eine Befreiung von den Anforderungen der EnEV erfüllt sein?	§
34	Wie funktioniert der Antrag auf Befreiung von den Anforderungen der EnEV?	§
35	Darf bei Baudenkmälern die EnEV unberücksichtigt bleiben?	§ Alt
36	Darf durch Wärmeschutzmaßnahmen nach EnEV das Baufenster überschritten werden (Grenzbebauung, Abstandsfläche, Bauhöhe)?	§ Alt
37	Was ist zu tun, wenn ein Bauherr die Ausführung einer Bauteilsanierung entgegen der EnEV verlangt?	§ Alt
38	In welchem Maße haftet der Aussteller eines Energieausweises für seine Ergebnisse und Modernisierungsempfehlungen?	§
39	Gelten die Anforderungen der EnEV auch für Selbermacher?	§
40	Was muss der Bauherr, der ein Außenbauteil in Eigenleistung saniert, beachten bzw. veranlassen?	§ Alt

Fortsetzung Tabelle 4.2: Übersicht zu den Fragen in Kapitel 2

Nr.	Frage	Themen
Kapitel 2.3	EnEV-Nachweis und Grundsätze	
41	Gibt es einen Unterschied zwischen „Nutzfläche" und „Gebäudenutzfläche"?	
42	Was ist bei der Anwendung der Normen zu beachten, auf die die EnEV verweist?	
43	Wie sind gemischt genutzte Gebäude zu behandeln?	
44	Darf das Büro eines Freiberuflers in einem Wohngebäude der Wohnnutzung zugeordnet werden?	
45	Ab welchem Flächenanteil erfordert eine gemischte Nutzung eine Aufteilung in Wohn- und Nichtwohngebäude?	
46	Ist Ökostrom primärenergetisch günstiger ansetzbar als Strommix?	 
47	Werden Dämmstoffe aus nachwachsenden Rohstoffen primärenergetisch bevorzugt?	 
48	Hydraulischer Abgleich: Was ist das und wann ist er erforderlich?	 
49	Welche Maße gelten bei der Festlegung des beheizten Gebäudevolumens? Was gilt insbesondere am unteren Gebäudeabschluss?	
50	Kann ein unbeheizter Spitzboden in das beheizte Gebäudevolumen aufgenommen werden?	 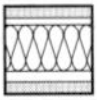
51	Welche Maße gelten für Fenster/Dachfenster?	 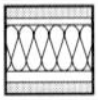
52	Bei einer Sanierung des Daches mittels Aufsparrendämmung oder einer Außenwand mittels Wärmedämmverbundsystem vergrößert sich das beheizte Volumen. Muss dies nach EnEV berücksichtigt werden?	 
53	Müssen extreme Deckenhöhen bei Wohngebäuden berücksichtigt werden?	

Fortsetzung Tabelle 4.2: Übersicht zu den Fragen in Kapitel 2

Nr.	Frage	Themen
54	Erlaubt der berechnete Endenergiebedarf im EnEV-Nachweis eine Voraussage der tatsächlichen Heizkosten?	
55	Wird die Luftdichtheitsprüfung (Blower-Door-Test) in der EnEV gefordert oder berücksichtigt?	 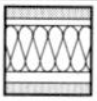
56	Nach welchem Verfahren (A oder B) der DIN EN 13829 wird die Luftdichtheit eines Gebäudes gemessen?	 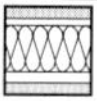
57	Muss der sommerliche Wärmeschutz in jedem Falle nachgewiesen werden?	
58	Muss jedes Klimagerät beim EnEV-Nachweis berücksichtigt werden?	 
59	Wie werden Wintergärten in der EnEV berücksichtigt?	 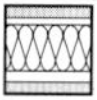
60	Gibt es in EnEV 2009 kein vereinfachtes, manuell durchführbares Nachweisverfahren (Heizperiodenbilanzverfahre) mehr für die Berechnung von Wohngebäuden?	
61	Welche Wärmebrückenausführungen sind gleichwertig mit DIN 4108 Beiblatt 2?	 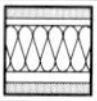
62	Darf im EnEV-Nachweis für Wohngebäude ein anderer Wert für den Warmwasser-Nutzenergiebedarf als 12,5 kWh/(m² · a) angesetzt werden?	 
63	Wie kann fehlende Wirtschaftlichkeit belegt werden? Umgekehrt gefragt: Wie ist Wirtschaftlichkeit in der EnEV defi niert?	
64	Darf ein Kamin- oder Kachelofen im EnEV-Nachweis berücksichtigt werden?	 
Kapitel 2.4 Neubau		
65	Was bedeutet „Referenzgebäudeverfahren"?	

Fortsetzung Tabelle 4.2: Übersicht zu den Fragen in Kapitel 2

Nr.	Frage	Themen
66	Welche Anforderungen werden an neue Wohngebäude gestellt? Nach welcher Norm wird gerechnet?	Neu
67	Welche Anforderungen werden an neue Nichtwohngebäude gestellt?	Neu
68	Welche Anforderungen werden an kleine Gebäude gestellt?	Neu
69	Werden Gebäude mit hohem Fensterflächenanteil beim EnEV-Nachweis benachteiligt?	Neu
70	Gibt es in der EnEV 2009 einen vereinfachten Nachweis für bestimmte Wohngebäude?	Neu
71	Muss künftig jedes Wohngebäude nach DIN V 18599 gerechnet werden?	Neu
72	Wie ist ein neues Gebäude zu behandeln, dessen Anlagentechnik in DIN V 4701-10 bzw. DIN V 18599 nicht behandelt ist?	Neu
73	Kann durch energiesparende Bauweise die Pflicht zur Nutzung erneuerbarer Wärme nach EEWärmeG auch ohne Nutzung regenerativer Energie erfüllt werden?	Neu
74	Darf Strom aus erneuerbaren Energien im EnEV-Nachweis als erneuerbare Energie berücksichtigt werden?	Neu
75	Ist es zulässig, an einem Neubau eine geringere Dämmstoffdicke einzubauen, als dies beim Altbau zulässig wäre?	Neu
Kapitel 2.5	Altbau	
76	Welche Anforderungen werden an bestehende Gebäude gestellt?	Alt
77	Welche unbedingten Nachrüstpflichten bestehen hinsichtlich der Gebäudehülle?	Alt
78	Welche unbedingten Nachrüstpflichten bestehen hinsichtlich der Anlagentechnik?	Alt

Fortsetzung Tabelle 4.2: Übersicht zu den Fragen in Kapitel 2

Nr.	Frage	Themen
79	Müssen alte Heizkessel ausgetauscht werden?	
80	Müssen Wärmeverteil- und Warmwasserleitungen im unbeheizten Keller gedämmt werden?	
81	Müssen Raumthermostate an Heizkörpern bzw. für Fußbodenheizungen (etwa auf Betreiben des Mieters) nachgerüstet werden?	
82	Müssen Elektrospeicherheizungen außer Betrieb genommen werden?	
83	Müssen Heizungsregelungen (meist Außentemperaturfühler und Zeitschaltung) in Zentralheizungen nachgerüstet werden?	
84	Was heißt „bedingte Anforderungen"?	
85	Was besagt die Bagatellregelung?	
86	Was sind ausreichende „technische Gründe" zur Rechtfertigung dünnerer Dämmschichtdicken, als zur Einhaltung der EnEV erforderlich sind?	
87	Welche Anforderungen werden bei Gebäudeerweiterungen gestellt?	
88	Was ist bei einer Dachsanierung mit gleichzeitigem Dachgeschossausbau zu beachten?	
89	Welche Anforderungen werden bei Bauteilsanierungen gestellt?	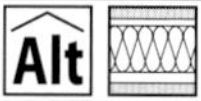
90	Ist es zulässig, bei der Sanierung von Außenbauteilen die U-Wert-Anforderungen der EnEV nicht einzuhalten?	
91	Darf ein Bauteil nach der Sanierung einen schlechteren U-Wert haben als vorher?	

Fortsetzung Tabelle 4.2: Übersicht zu den Fragen in Kapitel 2

Nr.	Frage	Themen
92	Welche Anforderungen gelten bei Sanierung von Bauteilen, die in der EnEV nicht genannt werden (z.B. Lichtkuppeln)?	Alt
93	Gelten bei teilweiser Sanierung eines Bauteils die EnEV-Anforderungen auch für den nicht zu sanierenden Anteil?	Alt
94	Muss ein Selbermacher bei Bauteilsanierungen die Anforderungen der EnEV beachten?	Alt
95	Müssen minimal gedämmte, oberste Geschossdecken nachgedämmt werden?	Alt
96	Welche Anforderungen gelten bei Sanierung einer Sichtfachwerkwand?	Alt
97	Welche Anforderungen stellt die EnEV bei Bauteilsanierungen an die Ausführung von Wärmebrücken? Müssen diese auch gedämmt werden?	Alt
98	Bei welcher Art der Putzerneuerung verlangt die EnEV die Einhaltung eines bestimmten U-Wertes?	Alt
99	Wie unterscheidet man Flach- und Steildächer?	Alt
100	Unter welcher Voraussetzung stellt die EnEV bei Flachdachsanierungen keine Anforderungen? Gilt die Regeneration einer Dachabdichtung als Erneuerung?	Alt
101	Auf eine bestehende Dachabdichtung (die nicht erneuert wird) soll aus feuchteschutztechnischen Gründen eine Umkehrdämmung aufgelegt werden. Stellt die EnEV hierbei Anforderungen?	Alt
102	Muss bei einer Dachumdeckung die EnEV auch dann eingehalten werden, wenn eine unter der Deckung liegende Schalung nicht erneuert wird?	Alt

Fortsetzung Tabelle 4.2: Übersicht zu den Fragen in Kapitel 2

Nr.	Frage	Themen
103	Muss eine Zwischensparrendämmung um eine Auf- oder Untersparrendämmung ergänzt werden, wenn ohne die Ergänzung der geforderte U-Wert nicht erreicht wird?	Alt
104	Dürfen Teilbereiche eines Daches (oder eines anderen Bauteils) mit schlechteren U-Werten ausgeführt werden, als die EnEV dies bei der Sanierung des entsprechenden Bauteils verlangt?	Alt
105	Welche Anforderungen stellt die EnEV bei der Erneuerung von Glasdächern?	Alt
106	Auf welche Fläche bezieht sich die Bagatellregelung bei Dächern?	Alt
107	Können sich Wärmedämm-Maßnahmen nachteilig auf den Brandschutz (oder auch den Schallschutz) auswirken?	Alt
Kapitel 2.6	Bauteile und Gebäudehülle	
108	Wie ermittle ich die U-Werte neuerer Bauteile?	Neu
109	Wie ermittle ich die U-Werte alter Bauteile?	Alt
110	Dürfen bzw. müssen die U-Wert-Korrekturen nach DIN EN ISO 6946 beim Nachweis des U-Wertes eines Bauteils angewendet werden?	
111	Kann eine U-Wert-Berechnung problemlos in einen Feuchteschutznachweis überführt werden?	
112	Gelten neben den Anforderungen der EnEV weitere Anforderungen an die U-Werte von Bauteilen?	Neu Alt
113	Welche Anforderungen stellt die EnEV an die Winddichtheit?	
114	Welche Anforderungen stellt die EnEV an die Luftdichtheit?	

Fortsetzung Tabelle 4.2: Übersicht zu den Fragen in Kapitel 2

Nr.	Frage	Themen
115	Welcher U-Wert gilt bei Gefälledächern?	
116	Darf eine Dachbegrünung auf den U-Wert angerechnet werden?	
117	Dürfen für Dachfenster U-Werte UDFF nach DIN 52619 verwendet werden?	
Kapitel 2.7 Anlagentechnik		
118	Dürfen einzelne Nachtspeicheröfen bei Defekt ersetzt werden?	Alt
119	Müssen warm gehende Rohrleitungen auch dann gedämmt werden, wenn sie in einer Bauteildämmschicht (z.B. in der Wärmedämmung der Unterseite einer Kellerdecke) verlegt werden?	Neu Alt
120	Darf die Wärmedämmung einer warm gehenden Rohrleitung auch mit einer nicht konzentrischen Dämmschicht erfolgen?	Neu Alt
121	Fordert die EnEV in Wohngebäuden den Einsatz von Lüftungsanlagen?	Neu
122	Unter welcher Voraussetzung kann die Wärmerückgewinnung von Lüftungsanlagen im EnEV-Nachweis berücksichtigt werden?	50,4513
123	Müssen künftig alle Klimageräte regelmäßig inspiziert werden?	

4.2 Diagramme, Abbildungen und Tabellen

Tabelle 4.3: Verzeichnis der Diagramme

Tabelle 4.4: Verzeichnis der Abbildungen

Tabelle 4.5: Verzeichnis der Tabellen

4.3 Stichwortverzeichnis

F

G

H

U

V

W

Z